文人与美食

朱典淼◎著

安徽师范大学出版社
ANHUI NORMAL UNIVERSITY PRESS
·芜湖·

图书在版编目(CIP)数据

文人与美食 / 朱典淼著. — 芜湖：安徽师范大学出版社，2023.5(2024.3重印)
ISBN 978-7-5676-5972-8

Ⅰ.①文… Ⅱ.①朱… Ⅲ.①饮食—文化—中国 Ⅳ.①TS971.2

中国版本图书馆 CIP 数据核字(2022)第 233863 号

文人与美食   朱典淼◎著
WENREN YU MEISHI

责任编辑：胡志恒
责任校对：李克非
装帧设计：张德宝
责任印制：桑国磊
出版发行：安徽师范大学出版社
　　　　　芜湖市北京东路1号安徽师范大学赭山校区
网　　址：http://www.ahnupress.com/
发 行 部：0553-3883578　5910327　5910310(传真)
印　　刷：江苏凤凰数码印务有限公司
版　　次：2023年5月第1版
印　　次：2024年3月第2次印刷
规　　格：880 mm×1230 mm　1/32
印　　张：6.875
字　　数：133千字
书　　号：ISBN 978-7-5676-5972-8
定　　价：58.00元

卷 首 语

　　本人习文，对饮食文化一向颇有兴趣，趁着阅读，浏览了不少美文，终撰就《文人与美食》一书。

　　食，人类赖以生存的重要手段，从狩猎到农耕，人类为了谋食，不知经受了多少艰辛，谋食过程不断推动着社会的发展。

　　我国是一个文明古国，有悠久的历史、灿烂的文化。其中饮食文化源远流长，留下不少精彩记载。菜肴入诗，古已有之。从最早的《诗经·小雅》到屈原的《大招》，其中都有对佳肴的描写。宋代是一个物质、精神都丰饶的时代，从《东京梦华录》到《梦粱录》，到《武林旧事》，记录了绵延不尽的楼脚店、各式各样的美味馔馐。"吃货"更是众多，其中苏轼、陆游便是名垂史册的人物。

　　苏轼是一个大吃家，不仅追求美食，还将美食写成美文。其中《老饕赋》《东坡羹颂》《蜜酒歌》等扬名天下。他还动手操作，制作名菜。以其名字命名的菜肴就有"东坡肉""东坡肘子""东坡鱼""东坡豆腐""东坡玉糁羹""东坡芽脍""东坡酥""东坡饼"等。

陆游也追求美食，其创作的上万首诗歌中与饮食有关的就有数百首，如"炊黍香浮甑，烹蔬绿映盘。""唐安薏米白如玉，汉嘉栬脯美胜肉"。"团脐霜蟹四腮鲈，樽俎芳鲜十载无。"他多次吟咏美食，抒发欣喜的心情。

文人撰述美食，有的通过美食抒发自身的追求与向往，有的通过美食寄托对故园乡土的由衷挚爱，有的通过美食表达对祖国河山的深情赞美。

我国幅员辽阔，物产丰饶，东西南北都有特色产品，用以制作各种特色佳肴。单以早餐为例，各地都有特色早点，供人品尝。如北京炒肝，天津耳朵眼炸糕，上海生煎包，重庆小面，呼和浩特羊肉大葱烧卖，南京鸭血粉丝汤，苏州三虾面，扬州三丁包、烫干丝、小笼包，芜湖虾子面，福州肉燕，南昌拌粉，济南把子肉，武汉热干面，长沙肉丝面，广州干炒牛河，深圳虾饺皇，南宁老友粉，成都钟水饺，西安羊肉泡馍，兰州牛肉面。

有人将各地特色佳肴，分为十大菜系：川菜、鲁菜、湘菜、闽菜、徽菜、浙菜、京菜、沪菜、粤菜、黔菜。十大菜系各具风采，别有风味。

文人讲究美食，在美食的选材与制作上，下过一番功夫，留下了一段段佳话。

本书遴选了五十四位文人，从苏轼到陆游，从张岱到袁枚，从鲁迅到老舍，从丰子恺到梁实秋，从汪曾祺到陆文夫……一一记下了他们与美食的因缘，及相关的感人情节，留待读者细细品味。

目　录

忽思慧及其《饮膳正要》 …………………………………1

文震亨的名著《长物志》 …………………………………3

张岱及其《陶庵梦忆》《西湖梦寻》 ……………………6

冒襄多情的《影梅庵忆语》 ………………………………11

李渔及其《闲情偶寄》 ……………………………………14

袁枚留下的《随园食单》 …………………………………19

黄钺：诗吟家乡佳肴 ………………………………………26

沈复的浮生笔谈 ……………………………………………28

曾国藩一生倡导简朴生活 …………………………………35

章太炎一生爱吃"臭"食之癖 ……………………………37

王国维的甜食嗜好 …………………………………………39

鲁迅的美食情愫及笔下的绍兴民食 ………………………42

周作人富有特色的饮食散文 ………………………………47

夏丏尊及随笔《谈吃》 ……………………………………50

胡适喜爱徽菜寄托了对家乡的厚爱 ………………………52

1

叶圣陶的饮食生活 …………………………………57

林语堂笔下的《中国人》 …………………………60

郁达夫及《饮食男女在福州》 ……………………65

郑振铎畅叙《宴之趣》 ……………………………68

丰子恺幽然的酒食文字 ……………………………71

朱自清著文《论吃饭》 ……………………………74

老舍的平民情怀 ……………………………………76

俞平伯及其《略谈杭州北京的饮食》 ……………79

梁实秋驰名文坛的《雅舍谈吃》 …………………82

朱湘力倡"咬菜根"精神 …………………………92

唐鲁孙谈吃的美文 …………………………………94

戈宝权与家乡味 ……………………………………100

陈荒煤描述《家乡情与家乡味》 …………………103

王世襄与吃的学问 …………………………………105

张起钧的《烹调原理》 ……………………………110

郭风钟情于百姓寻常食物 …………………………112

黄嬡珊特撰《嬡珊食谱》 …………………………114

黄宗江:钟情佳肴的大食客 ………………………116

邓云乡的论食美文《云乡话食》 …………………119

陆文夫的名篇《美食家》 …………………………124

李国文关切民生谈《吃喝》 ………………………129

邓友梅畅述《饮食文化意识流》 …………………132

谢冕笔下的美食文化 …………………………………………134

王蒙的饮食趣味 ………………………………………………140

高成鸢：对"饮食文化"追根求源的学者 …………………143

冯骥才文笔的民俗特色 ………………………………………148

周国平及其笔下的闲情生活 …………………………………152

霍达谈《食趣》 ………………………………………………154

舒婷与《民食天地》 …………………………………………156

贾平凹引人入胜的《陕西小吃小识录》 …………………158

谈正衡：撰写民俗文化的有心人 …………………………162

朱振藩：现代食神的美馔之作 ……………………………171

池莉谈《吃好不易》 …………………………………………178

余斌：教授笔下的饮食文化 ………………………………180

龙其霞笔下的食俗趣闻 ………………………………………183

戴爱群：美食圈中的资深记者 ……………………………187

许卫林：草木素食的推崇者 ………………………………191

曹亚瑟：遍读古人美食小品的文史学者 …………………198

蔡昀恩笔下的《吃货奶奶》 ………………………………206

后　记 …………………………………………………………210

忽思慧及其《饮膳正要》

据学识渊博的梁实秋考证，元代饮膳太医忽思慧撰写的《饮膳正要》，是我国古代专门讲究饮食之道的最早的一部专著。该著作成书于天历三年，天历为元文宗的年号，天历三年即公元1330年。忽思慧是该书《四部丛刊》影印本的作者名，在《四库提要》中作和斯辉，两者字不同而音近，显然是译音。"饮膳太医"为元朝官名。元世祖时，设饮膳太医四人，忽思慧乃四人中之一。

这本书原是写给皇帝看的。据该书的序言记述，皇帝看了这本书后，"命中政院使臣拜往刻梓而广传之"。由此而留传天下。

此书称三卷，其实仅薄薄一册，一百六十六页。卷一讲诸般避忌，聚珍异馔；卷二讲诸般汤煮、诸水、神仙服饵、食疗诸病等；卷三讲米谷品、兽品、禽品、鱼品、果菜品、料物。

关于养生避忌，有不少无稽之谈。当时饮食营养尚在摸索阶段，缺乏科学分析与依据是必然的。

《饮膳正要》在食谱部分，标举品名、主治、材料、做法，虽显简陋，但层次井然，已初具食谱之规模。

该书最大缺点是将饮膳与医疗混为一说，其中颇有附会可笑者。例如："鸳鸯，味咸平，有小毒，主治瘘疮，若夫妇不和者，做羹私与食之，即相爱。"食了鸳鸯便能相爱，恐怕非膳食功效，实为夫妇一方用情感打动了对方。也有些内容近情近理，例如："五谷为养，五果为助，五畜为益，五菜为充。"隐含现代"平衡膳食"之说，尚有其合理性。

书中所谓"聚珍异馔"亦是虚有其名，大抵离不开羊肉、羊心、羊肺、羊尾、羊头、羊肝、羊蹄、羊舌，可见未脱蒙古族饮食之风尚。

文震亨的名著《长物志》

文震亨（1585—1645），晚明文学家、古琴演奏家、园林设计师。"明四家"之一文征明之曾孙。本名从泰，字启美。苏州府长洲人。著有《长物志》《秣陵竹枝歌》《文启美诗集》等。

《长物志》描述的是生活的艺术，集中国式古朴雅幽之大成。全书涉及食、住、行、用、赏、鉴、游诸方面，言简意赅，内容丰厚。"长物"，本指身外多余之物，但对古代文人雅士而言，于内，是构筑精神世界、寄托审美情趣、审美理想及品格意志之物，于外，则是借以展其韵、才、情之门。阅读此书，对当代人营造宜居生活环境与内修外化，亦具有重要的启示意义。

《长物志》文字简略浅白，尊重自我价值判断，不盲从大众观众甚至前辈名人的意见，具有独立的美学观。针对当时大肆弄假的社会污风和斗富夸奇的奢靡之风，文震亨总结出"删繁去奢"的核心思想，通过构筑"古、雅、幽"的美学世界，突破世俗，坚守传统文人的高逸之气。

《长物志》是一部记述晚明物质文明与士大夫审美情调之书，它强调通过对物质的正确驾驭而获得更高层次的精神享受，究其本质，仍是指导人们更好地享受人生之乐趣。后来，被收入《四库全书》。

"弄花一岁，看花十日"，"亦幽人之务也。"在"花木"一卷中，作者介绍了四十余种名贵花木。"牡丹芍药"中云"牡丹称花王，芍药称花相，俱花中贵裔"。"玉兰"中写道："宜种厅事前，对列数株，花时如玉圃琼林，最称绝胜。""桃"中陈述"桃为仙木""种之成林，如入武陵桃源，亦自有致"。"玫瑰"中指出："玫瑰一名'徘徊花'以结为香囊，芬氲不绝。""芙蓉"中告知："宜植池岸，临水为佳。""花开碧色，以为佳。""玉簪"中描述："洁白如玉，有微香，秋花中亦不恶，但宜墙边连种一带，花时一望成雪。""秋色"中介绍："吴中称鸡冠、雁来红、十样锦之属，名'秋色'。秋深杂彩烂然，俱堪点缀。"

"石令人古，水令人远。园林水石，最不可无。""一峰则太华千寻，一勺则江湖万里"，"交覆角立苍崖，碧涧奔泉汛流，如入深岩绝壑之中，乃为名区胜地。"在"水石"一卷中介绍各种名石，"灵璧"一则中，"出凤阳府宿州灵璧县，在深山沙土中，掘之乃见"，"佳者如卧牛、蟠螭，种种异状，真奇品也"。在"英石"一则中，"出英州，倒生岩下，以锯取之"，"小斋之前，叠一小山，最为清贵"。在"太湖石"一则中，"石在水中生者为贵，岁久为波涛冲击，皆成空石，面面玲珑"。在"昆山石"一则中："出昆山马鞍山下，生于山中，掘之乃得，以色白者为贵。"在"大理石"一则中："出滇中，白若玉，黑若墨为贵。""天成山水云烟，如米家山。"在"永石"一则中："即祁阳石，出楚中。石不坚，色好者有山、水、日、月、人物之象。""大者以制屏，亦雅。"

"古人苹繁可荐，蔬笋可羞。"蔬果亦可口悦目，品为佳肴。《蔬果》一卷中，作者列举多种果鲜。如"香橼"一则："大如杯盂，香气馥烈，吴人最尚。以磁盆盛供。""杨梅"一则："吴中佳果，与荔枝并擅高名，各不相下。""枇杷"一则："枇杷独核者佳，株叶皆可爱。""荔枝"一则："果中名裔，人所共爱。"栗一则："杜甫寓蜀，采栗自给，山家御穷，莫此为愈。""瓠"一则："亦山家一种佳味。""茄子"一则："茄子一名'落酥'，又名'昆仑紫瓜'"，"新采者味绝美"。

香茗之用，可以清心悦神，可以畅怀舒啸。在《香茗》一卷中，介绍多种良茶，如"六合"："味苦，茶之本，性实佳。""松萝"：产于休宁松萝山、松萝庵而得名，"新安人最重之"，"烹煮且香烈"。"龙井天目"：产于浙江临安天目山区。"山中早寒，冬来多雪，故茶之萌芽较晚。"

文震亨是一位追求闲适生活的大文人。他对栽花叠石深有研究，对焚香品茗十分喜爱，充分体现了中国古代知识分子清逸旷达的情怀。

张岱及其《陶庵梦忆》《西湖梦寻》

张岱，明清之际的大思想家、大学问家、大文学家、大艺术家。他具有坚贞的气节、丰富的阅历、渊博的学识、精深的造诣。一生撰述，存世者与亡佚者，总计不下四十种，涉及天文、历法、历史、地理、医药、文字、音韵、经学等领域，被称作"明著鸿儒"。其代表作《陶庵梦忆》，被誉为"中国文学史风俗记之绝唱"。

一、出身簪缨之家

张岱，名维城，字宗子，又字石公，号陶庵、天孙等。山阴（今浙江绍兴）人。祖籍四川绵竹，故自称"蜀人""古剑"。生于万历二十五年（1597），卒年说法不一，据商盘《越风》张岱传推称，应为康熙十八年（1679）。

张岱高祖张天复，曾祖张元忭，祖父张汝霖，相继登科进士，三代荣显，学问与文章闻名当世。尔后仕宦不兴。其父张耀芳，年逾五十，始授兖州鲁王府长史。

张岱幼而颖异，六岁便善属对，被舅公夸为"今之江淹"。及长，才艺富赡，兴趣广泛。好精食、好梨园、好古董、好花鸟，兼以茶淫橘虐，书蠹诗魔，又喜游历，长期盘桓于江南繁华之地，遍访金陵、杭州、苏州、扬州等名城。

顺治三年（1646），绍兴被清军攻陷，张岱拒绝臣服清廷，携家逃往嵊县西白山中。时年五十。从此，张岱由世族豪门坠入普通民户，生活一贫如洗，常至断炊。

张岱不为穷困生活所压倒，依然文心旺盛。在此期间，奋力修成明史巨著《石匮书》。浩然正气，令人折服。

二、散文著述垂史册

张岱善于为文，对晚明异端之学和公安派、竟陵派新文学均予吸纳，又能自出手眼，博采百家之长。既迎纳新学之潮，又深探儒学之根，故其学坚实深厚，洒脱灵动，鲜有明末文士浮躁浅薄之陋习和清初儒者厌新复旧之弊病。

张岱在文学成就上，以散文独绝。其散文集晚明小品之大成，将情与理、雅与俗、灵与朴、生与熟、大与小、整与散、疏与密种种相反相成的美学因素较完美地统一，形成自己独特的艺术风格。

现存张岱散文集有三种：《琅嬛文集》《陶庵梦忆》《西湖梦

寻》。后两种系随笔，流传较广。

《陶庵梦忆》八卷，收文一百二十余篇。篇幅简短，最短者不足百字。隽短有味，为晚明小品之极致。作者借鉴宋人《东京梦华录》《武林旧事》《梦粱录》诸书，以回忆方式追述往昔繁华，遥思往事，忆即书之，不次岁月，不分门类，带有浓烈主观色彩，亦颇具文学性。

《陶庵梦忆》除重视表现人之情欲外，又热情记述人的才智和技艺，书中形形色色的人物，形象鲜明，留下了不可多得的时代印记。

《西湖梦寻》五卷，成于清康熙十年（1671），作者时年七十五岁。此书不仅记录了嘉靖以前歌咏，记叙西湖之诗文、传说，还补充了明末清初的材料，大多得于作者亲见亲闻。其识见之特异，情致之深远，写景之清逸，叙事之轻灵，更为人所赞赏。

《西湖梦寻》是张岱介绍西湖掌故、地埋，近乎地志、杂史性质的专著。亦是张岱特为西湖"传神写照"的具有很高文学成就的山水记和风俗记。

《陶庵梦忆》《西湖梦寻》，都以"梦"命题，是为张岱散文之双璧。两书寄托了作者深沉真挚之情思，透露出晚明时期浓厚的人文气息，也集中体现了张岱散文创作的成就。由此，也使张岱跻身袁宏道、钟惺、刘侗诸名家之列，成为晚明小品圣手之一。

三、美食文化的倡导者

张岱喜美食，精茶道，热心倡导美食文化。曾坦陈，自己年轻时嘴极馋，想方设法采购南货北果，山珍海味，"远则岁致之，近则月致之、日致之，耽耽逐逐，日为口腹谋。"（《方物》）。不仅遍尝美味佳肴，而且深知食品烹饪法、点心制作法、水果保鲜收藏法。作为一位美食的饮食文化学者，有别于一般大嚼狂饮的饕餮之徒，讲求精工慢作，细加品味。

张岱尤精茶艺，善辨泉水、产地、点种，了解制茶的各道工序。就连著名的茶艺专家，也赞扬张岱深谙茶的制作，自叹弗如。

《陶庵梦忆》里，有不少描述茶事的小品，读来颇有趣味。

在《乳酪》一段中，"余自豢一牛，夜取乳置盆盎，比晓，乳花簇起尺许，用铜铛煮之，瀹兰雪汁，乳斤和汁四瓯，百沸之。玉液珠胶，雪腴霜腻，吹气胜兰，沁入肺腑，自是天供。"他自制的这种乳酪，自是人间美味。

在《蟹会》一段中，描述了河蟹的烹饪和食用。"河蟹至十月与稻粱俱肥，壳如盘大，坟起。""掀其壳，膏腻堆积，如玉脂珀屑，团结不散，甘腴虽八珍不及。"

在《露兄》一段中，记一茶馆，作者称之"露兄"，取了米颠"茶甘露有兄"之句。该茶馆"泉实玉带"，即用水出自绍兴惠泉。"茶实兰雪","兰雪"指越地卧龙山所产名茶。用惠泉水煮沸,泡上兰雪茶,清香扑鼻,饮之可口。

在《鹿苑寺方柿》中,描述了一种"方柿"。"鹿苑寺前后有夏方柿十数株。六月歊暑,柿大如瓜,生脆如咀冰嚼雪,目为之明",却"涩勒不可入口""土人以桑叶煎汤,候冷,加盐少许,入瓮内,浸柿没其颈,隔二宿取食,鲜磊异常"。

在《樊江陈氏橘》中,介绍了一种可口的鲜橘。陈氏辟地为果园,树谢橘百株。"青不撷,酸不撷,不树上红不撷,不霜不撷,不连蒂剪不撷。故其所撷,橘皮宽而绽,色黄而深,瓣坚而脆,筋解而脱,味甜而鲜。"

文中还介绍陈氏橘的保鲜方法:"用黄砂缸藉以金城稻草或燥松毛收之。阅十日,草有润气,又更换之,可藏至三月尽,甘脆如新撷者。"

张岱是一位大食客,他懂得茶艺,知道乳酪的制作,还精通柿子的除涩和柑橘的保鲜。他不仅是一位多才多艺的学问家,还是一位美食文化的倡导者和实践者。

冒襄多情的《影梅庵忆语》

冒襄（1611—1693），字辟疆，号巢民，一号朴庵，又号朴巢。江苏如皋人。私谥潜孝先生。明末清初文学家。明末四公子之一。

一生著述颇丰，传世之作有：《先世前征录》《朴巢诗文集》《岕茶汇钞》《水绘园诗文集》《影梅庵忆语》《寒碧孤吟》。

董小宛（1624—1651），冒襄之爱妾。原名白，复字青莲，苏州人，出身苏绣世家。

小宛容貌秀丽，天资聪颖，受父母悉心教导，诗词书画、针线女红都有所成。十三岁时，家道突变，债务压头，在他人引荐下来到南京秦淮卖艺。因其脱俗之气质，过人之才情，很快闻名秦淮，成为"秦淮八艳"之一。

与冒襄交往中，产生深深情愫，被冒襄赎身为妾。

董小宛病故，冒襄无限哀婉，曾写篇叙事诗回忆，又感未尽其情，写下《影梅庵忆语》开"忆语体"写作之先河。书中对董小宛的种种才情有生动之刻画，对自己与小宛伉俪情深有详尽之描述。这种情感与江浙水乡柔美景致相映照，显得更加缠绵动人。

董小宛生性高洁，喜吟诗赋，追求诗意式的生活。小宛最爱赏月，为尽情领略月色之美，她的倩影常常伴随月亮的升沉而移动，即使至深夜，回到阁楼，仍推开窗户，将月光引入枕席之间。当月光将要消失时，她还卷幔倚窗而望。一年四季都爱品味月色，体会它的皎洁，领略它的幽香。她对李贺之诗"月漉漉，波烟玉"尤为钟爱，每读到此六字，便会反复吟诵。

小宛善于领略自然的清雅之妙，尤喜晚菊。有客送来几株"翦桃红"，花繁而厚，叶碧如染，浓条婀娜，枝枝皆具云罨风斜之态。小宛将此花置于卧榻右侧，终日玩赏。

品茶是小宛一生嗜好，她爱喝苏州虎丘之界片。此茶状如片甲蝉翼。每次饮茶，小宛将上好的泉水倒入茶鼎中，用小而缓之火慢慢煎煮，香烟缭绕，喝之清香不绝。

小宛厨艺精湛。《影梅庵忆语》中，冒襄独辟"厨下精膳"一节，专述小宛制作的佳肴。

小宛特制红乳，别有风味。她将红腐乳烘蒸五六次，使里面的肉酥透，然后剥掉表皮，加上各种调味料，几天后拿出食用，其味胜过建宁的三年陈腐乳。她腌制各种蔬菜，使黄色的菜梗像蜜蜡一样莹润，碧绿的菜叶如青苔一般苍翠。香蒲、莲藕、竹笋、蕨菜、野菜、青蒿、芙蓉、菊花之类，都采来加入食物之中，使芳香扑鼻的美味布满餐席。

她善制豆豉。选颜色好之上等黄豆，经九次暴晒九次洗涤，佐以瓜杏姜桂等各种细料，使其精细洁净地调和在一起浸渍。等豆豉熟了拿出来，粒粒可数，香气扑鼻，颜色浓重，味道特别。

她制作的腊肉有松柏之味，风鱼有麂鹿之味。醉蛤如桃花，松虾如龙须，油鲳如鲟鱼。一匕一瓷，妙不可言，皆有独特风味。

董小宛烹制的走油肉，油而不腻，肥而不厌，十分可口，被誉为"董肉"，与"东坡肉"相映成趣，至今仍为宴席上的一道名菜。

小宛生性淡泊，对肥腻甘甜之食物没有一样喜好的。每次用餐，都用一小壶芥茶水泡饭，佐以水菜几根、豆豉数粒，便是一餐了。

小宛善酿制饴露，采摘初放时有色有香之花蕊，加上食盐和酸梅调味，将花汁渗融至香露中，经一年，入口时奇香异艳，令人舒适。

在冒襄生花之笔下，董小宛楚楚动人，又多才多艺，不愧为一位名扬青史的绝代佳人。她与文人雅士冒襄相识、相交、相爱，相伴终生，实为人间幸事，亦为人间佳话。

李渔及其《闲情偶寄》

明清易代之际的李渔，一生著述甚丰，包括戏曲、小说、随笔等，计数百万字，其中《怜香伴》《风筝误》《意中缘》等合称"笠翁十种曲"，结构精巧，适宜演出，历来备受推崇。

一、亦文亦商的多彩生活

李渔（1611—1680），原名仙侣，字笠鸿，一字谪凡，号笠翁、湖上笠翁等。

出生富裕的药商家庭，自幼与市民阶层颇多交往，故见识广泛。嗜茶酒，谙美食，读闲书，做雅事。髫龄即能作诗。几次乡试落第。父亲病故，家道日衰，逐渐走上卖文之路。

清军入关后，曾避居山中，蓬衣蔬食，不以为苦。

顺治八年（1651），移居杭州，与彼时社会名流交往密切，集中从事文学创作，文名渐大。后来自组戏班，专事演出，足迹遍及大江南北，颇受观众青睐。他也成了略有资产的戏班主。

康熙元年（1662），从杭州迁居金陵（即今南京）。芥子园为他在金陵的别业，与寓所一起，设有书铺，刊行戏曲小说。著名的《芥子园画谱》，则由他编印问世。

晚年，举家迁回杭州，"买山而隐"。经济状况大不如从前，不时向友人求助。最终在贫困中病故。

二、《闲情偶寄》历获赞许

李渔学识渊博，给后世留下大量作品，其中《闲情偶寄》无疑是他最为满意的一种。

此书写于康熙十年，从某种程度上说，堪称是其一生艺术和生活经验的总结和结晶，对后世亦有较大的影响。

"五四"时期，周作人、林语堂等对此书均十分推崇，称其文字清新，议论独到，具有较高的审美价值。

《闲情偶寄》共分八部分，即词曲、演习、声容、居室、器玩、饮馔、种植、颐养。涉及戏曲、建筑、餐饮、种植诸方面，是一部既契合大众生活，又含有雅士风度的寄情佳作。

在《闲情偶寄》中，价值最高的，首推其中论及戏曲理论的内容，作者联系元明以来的戏曲创作实践，结合本人的创作体会，且吸取了前代戏曲理论批评家之真知灼见，对我国古代戏曲理论进行了较系统的总结，提出了一些艺术规律方面的问题。时至今日，仍不失其参考价值。

李渔对园林建筑亦颇有高见，其《居室部》，对房舍、窗栏、墙壁、联匾、山石的构造、布局阐述甚详，结合个人的生活体验，一一陈述且能令人信服。

《闲情偶寄》虽大谈闲情，但并不教人玩物丧志。全书紧扣"俭"字，贯穿"崇尚俭朴"的方针，体现了"扶持名教""无伤大道"的写作目的。

李渔一贯主张语言浅显通俗、贴近生活。他还根据论证的需要，在语言的运用上，力求生动有趣。如《种植部·海棠》，论及王禹偁关于杜甫由于避讳而诗中未及海棠的说法，反驳道："一诗偶遗，即使后人议及父母，甚矣，才子之难为也。"特地作诗一首，为杜甫解嘲："此花不比别花来，题破东君着意培。不怪少陵无赠句，多情偏向杜家开。"幽然风趣，让读者读来失笑。

历来，有关《闲情偶寄》有以下数种版本：1671年（清康熙十年）翼圣堂刻本，题"笠翁秘书第一种"；1730年（清雍正八年）芥子园刻《笠翁一家言全集》；1936年《中国文学珍本丛书》；《文艺丛书》本，仅摘《词曲》《演习》部分，名为《李笠翁曲话》；《新曲苑》本，亦摘《词曲》《演习》部分，题《笠翁剧论》。

三、对饮膳的专章阐述

李渔是一位讲究闲适的文人，他在《闲情偶寄》中对膳饮有精彩陈述，专列《饮馔部》对"蔬食""谷食""肉食"分别作简明评点。

李渔注重素食，对专食大鱼大肉无荤不餐的饮食习惯并不赞同。

在《饮馔部》中，将蔬菜置于第一。指出："声音之道，丝不如竹，竹不如肉，为其渐近自然。吾谓饮食之道，脍不如肉，肉不如蔬，亦以其渐近自然也。草衣木食，上古之风，人能疏远肥腻，食蔬蕨而甘之。""吾辑《饮馔》一卷，后肉食而首蔬菜，一以崇俭，一以复古"。食素食是为了"惜生命"而"念兹在兹"。

在素食中，李渔十分盲爱食笋。他写道："论蔬食之美者，曰清，曰洁，曰芳馥，曰松脆而已矣。不知其至美所在，能居肉食之上者，只在一字之鲜。"他还介绍："食笋之法多端，不能悉纪，请以两言概之，曰：'素宜白水，荤用肥猪'。"还认为笋和其他食材配用，达到"各见其美""凡食物中无论荤素，皆当用作调和"。

李渔对水乡莼，十分赞赏。莼为多年生水生植物，春夏采其嫩叶，是鲜美之食材。作者写道："陆之蕈，水之莼，皆清虚

17

妙物也。予尝以二物作羹，和以蟹之黄、鱼之肋，名曰'四美羹'。"客食而甘之，赞曰："今而后，无下箸处矣！"

萝卜是家常菜，李渔重点介绍了以萝卜丝制作的小菜。写道："生萝卜切丝作小菜，伴以醋及他物，用之下粥最宜。"这种生拌萝卜丝，清新爽口，至今仍为下粥之良肴。

在《谷食》一节中，李渔强调谷食的重要，指出："食之养人，全赖五谷。"文中专门陈述了"汤"。"汤即羹之别名也。""有饭即应有羹，无羹则饭不能下。""宁可食无馔，不可食无汤。"对"糕饼"亦作专段描述。认为"谷食之有糕饼，犹肉食之有脯胵"。《鲁论》云："食不厌精，脍不厌细。""制糕饼者，于此二句，当兼有之。"对糕饼制作，作者用二语括之："糕贵乎松，饼利于薄。"

在《肉食》一节中，对鱼有详尽之介绍。文中强调："食鱼者首重在鲜，次则及肥，肥而且鲜，鱼之能事毕矣！然二美虽兼，又有所重在一者。如鲟，如鰦，如鲫，如鲤，皆以鲜胜者也，鲜宜清煮作汤；如鳊，如白，如鲥，如鲢，皆以肥胜者也，肥宜厚烹作脍。烹煮之法，全在火候得宜。"

还有对虾的专段描述。认为"虾为荤菜之必需""善治荤食者，以焯虾之汤，和入诸品，则物物皆鲜"。

李渔不愧为杰出的美食家。在《饮馔部》，对多种美食的制作与特色，均作动人的描述，给读者留下极为深刻的印象。

袁枚留下的《随园食单》

袁枚（1716—1798），驰骋乾嘉诗坛五十年，倡导真情、个性和诗才为核心的"性灵说"。在乾隆后期取代沈德潜主盟文坛，成为乾隆三大家（袁枚、蒋士铨、赵翼）之首。他以性灵为诗，以肝胆为文。既有乐天之易，亦有史迁之愤。

当代著名学者钱锺书对袁枚的《随园诗话》有极高评价，他将《随园诗话》喻为"往往直凑单微，隽谐可喜，不仅为当时之药石，亦足资后世之攻错"。

袁枚出生于杭州，祖籍慈溪（今属宁波）。曾有过显赫之先人。六世祖袁茂英官至布政使。五代祖袁槐眉官至侍御史。四代祖袁象春官至知府，一生好游览。祖父屡试不第，一生依人做幕府。其父袁滨对先秦申不害、韩非的刑名之学颇有研究，也十分重视对袁枚的启蒙教育。

袁枚九岁时，读到《古诗选》，十分着迷，开始学写诗，为他的才思、灵感、热情找到了一个天然的宣泄口。十八岁那年，其卓越才华被浙江总督程元章所知，被推荐至万松书院深造。

从十二岁中秀才到二十岁，历经八年，乡试连连遇挫。只得寻求他处再考。由杭州转往桂林，遇博学鸿词考试，受推荐，进京应试，未中。按当时规定，在京参加乡试，要捐一顺天府监生资格，应花一大笔钱。好在得到嵇璜资助，获取考试资格，入闱应试，荣登榜上。经殿试，为二甲第五名，连中举人进士，并成为庶吉士，进入翰林院学习。其间返乡完婚。三年期满，因满文成绩不佳，被任命至江宁任知县，七载芝麻官，让他看到了仕途的艰辛、官场的险峻。

他寄情于山水园林。在主宰江宁时，在小仓山附近，发现一处废置隋园，原为江宁织造隋公的别墅，后人家贫，早想出售。袁枚决心将它购入，作为自己的住地，易"隋"为"随"，起名"随园"。不久母亲染病，袁枚为家中独子，以母病为由，辞官尽孝，符合清制。他从任职中退出，"检点残书聊自慰，古来传不尽公卿"，决心走"文章报国"之路。袁枚本是性情中人，不喜欢约束，无官一身轻，可以自由自在地生活。后来虽有一段赴陕西等待任职的经历，但其母年事已高，需在身边侍候，从此真正绝意了仕途。他从官易随园，一心一意重建随园。住入随园后，开始了新的生活。随园不设围墙，任人进入。园的大门口，悬着这样一副对联："放鹤去寻三岛客，任人来看四时花。"古代的园，大抵都有围墙，仅供家人、亲属、友朋等小众享用。而袁枚不仅未设围墙，还在大门上贴上对子，欢迎大家光临，如此开放、豁达之胸襟，实属难得。

随园之兴建，主要出自建筑家武龙台的手笔，但全园的布局均出自袁枚之构想。

诗人亦营财。弃官后第一个尝试便是"卖文为生"。李渔是我国历史上第一个卖文糊口的"专业作家"。袁枚佩服李渔的生存之道，也佩服他对美食、对闲适生活的追求。他还在随园设帐教学，招收弟子。他编撰的《袁太史稿》，成为当时士子参加科举作八股文的重要参考书之一，每年均有很大销量。他的《小仓山房诗集》《随园诗话》等，受到当时上至公卿、下至市井百姓的欢迎。福康安这样的大将远征西藏，居然还带着《随园诗话》。足见，当时袁枚大作的畅销程度。

一扬州盐商出巨资重刻孙过庭《书谱》，托人向袁枚索序，袁枚仅以"乾隆五十七年某月某日随园袁某印可"十余字打发了，收银高达两千两。

"壮行万里路"，是袁枚的志向。他一生多次出游。天台山、雁荡山留下了他攀登的足迹。皖地的黄山、齐云山、天柱山留下了他遨游的踪影。他还漫游南国，闲居肇庆时，常与官署中人游七星岩、宝月台等名胜。亲临桂林，遍游这里的山川美景，写成《游桂林诸山记》。

袁枚从乾隆元年（1736）写《钱塘怀古》开始，到嘉庆二年（1797）逝世，六十多年，给后人留下古体诗、近体诗4484首，为中国古代写诗最多的诗人之一。袁枚主张"性灵说"，非常重视诗人的才、学、识。他"不贪长寿只贪诗"。临终前还在

《答东浦方伯信来问病》中云："偶作病中诗，高歌夜不止。推敲字句间，从首直到尾。要教百句活，不许一句死。"生命不息，作诗不止，令人景仰。

独抒性灵，余韵悠长。袁枚力主的"性灵说"，对当朝与后世影响深广。蒋子潇《游艺录》载："乾嘉中诗风最盛，几于户曹刘而人李杜，袁简斋独倡性灵之说，江南北靡然从之，自荐绅先生下逮野叟方外，得其一字荣过登龙，坛坫之局，生面别开。"

袁枚的"性灵说"，非常符合日本"我为自我"的时代思潮的需要，因此颇受日本诗坛的欢迎。他的所有著作均在日本刊行，而且刊行时往往附有日本学者写的序文。

乾隆十七年（1752）岁末，袁枚从陕西返回江宁，住入随园，从此入山志定，铁心不再为官。此后，交友、访春、吟诗作文，讲究美食，遍游名山大川，享受了四十余年的悠闲生活。

他喜于交往，不但以诗会友，还以食会友，"座上客常满"，"品味似评诗"。

袁枚不但是文学家，还是美食家。不仅品味美食，而且撰写了介绍美食的《随园食单》。他与当时的大学士纪昀齐名，时称"南袁北纪"。

《随园食单》全书包括十四个种类，有须知单、戒单、海鲜单、江鲜单、特牲单、杂牲单、羽族单、水族有鳞单、水族无鳞单、杂蔬菜单、小菜单、点心单、饭粥单、茶酒单。述及乾隆年间流行的三百余种南北菜肴、点心、饭粥、美酒、名茶。以随笔形式阐述所收菜品的烹饪原理、解读菜品的制作方法，诠释自己的烹饪思想。此书为我国烹饪史上的一大名著，为后世美食家奉为经典。

袁枚最喜品评食物，每尝佳味，著之笔墨，极有辨别之本事。他珍惜食材本身的自然之味，一菜献一性，一碗成一味，讨厌混而同之，众菜一味。

讲究就地取材，随园中的花果曾入食单，新鲜又雅致，春天有藤花饼、玉兰饼；夏季有熘枇杷、炙莲瓣；秋日有灼竹叶、栗子糕，随时入馔。随园中盛产竹，有竹笋，制笋方法达十数种。野蔬随处可摘，有马兰头、苜蓿头、枸杞头、菊花头；水边还有各种芹类。这些都可采作佳肴。

袁枚的母亲，善制羹汤，"脱肉作鱼，味倍甘鲜"。在随园中，与慈母共享美食，是袁枚的一大生活乐趣。

在南京，若在朋友家吃了某一新的美食，袁枚必定让厨家登门见学，回家询问要领，一一随手笔记。

袁枚非常爱吃豆腐，《随园食单》中，记录了好几种豆腐的烹饪方法，有蒋侍郎豆腐、杨中丞豆腐、王太守豆腐、程立万豆腐、张恺豆腐、庆元豆腐等。

袁枚七十二岁时，完成了《随园食单》，"序"中引经据典，证实美食在生活中地位之高。孔子从不小觑饮食之事，他说："饮食男女，人之大欲存焉。"老子也曾说："治大国若烹小鲜。"

《中庸》中也有"人莫不饮食也，鲜能知味也"的论断。曹丕在《典论》中说："一世长者知居处，三世长者知服食。"意思是一代为官的富贵人，只知住好房子。富有三代人家才懂得穿衣吃饭。袁枚用这些经典例子，旨在抬高美食的地位，给美食以充分存在的理由。

袁枚对美食的追求与研究，与他倡导诗歌性灵说一脉相通。他四十多年对美食的不倦追求、研究、记录，是他具有灵性的物质生活的体现，是他率直放达的人生宣言和心灵独白。

在袁枚的著作中，经常把美食与诗放在一起品评，阅读时不觉有任何牵强，反会妙趣横生，诗意食味相映成趣，别有生机。

袁枚对饮食的审美追求可概括为"鲜淡、精致"。以味为本，强调本味，求味的至鲜、至甘，突出自然、适口。

他特别讲究节令饮食。指出强身之道有三：其一，人之饮食，应循时而进。其二，人之饮食，当因季变味。其三，人之饮食，须择时"见好"。

袁枚在《随园食单》中，提出十四项"戒"。分别为戒外加油、戒同锅热、戒耳餐、戒目食、戒穿凿、戒停顿、戒暴殄、戒纵酒、戒火锅、戒强让、戒混浊、戒苟且、戒走油、戒落套。这"十四戒"也是为饮食画了十四条红线，其中大部分到今天仍值得我们借鉴。

袁枚所撰的诗文，无论当时还是今天，都深受读者喜爱。

从20世纪90年代开始，袁枚的多篇诗文被选入中小学语文教材，从小学一年级到高中都有，已知的有诗五首，分别为《所见》《春日郊行》《纸鸢》《秋海棠》《推窗》；散文三篇，分别为《随园后记》《帆山子传》《黄生借书说》。

黄钺：诗吟家乡佳肴

黄钺（1750—1841），字左田，又名左君，号壹斋、左庶子。先世于宋末由徽州迁当涂。清顺治初年，再迁芜湖。生于芜湖西门外升平桥。历官礼部尚书、太子少保、户部尚书、军机大臣。工诗文，善书画，著有《壹斋集》。

黄钺怀有浓郁的乡情，诗篇中记述了家乡芜湖的风光和历史遗迹，多次对芜湖日常菜肴有过生动的描绘和赞颂。

《于湖竹枝词》首篇这样写道："升平桥畔状元坊，曾寓于湖张孝祥。一自归来堂没后，顿教风月属陶塘。"颂扬了张孝祥开发陶塘的历史功绩，指出设立归来堂后，顿令陶塘景色迷人。

他在《于湖竹枝词》中，专门介绍了芜湖百姓的美食。第十二首："韭黄芹碧蒌蒿短，甘荠和泥称足斤。底事羹村徵不到，莼丝一任绿如云。"诗中写到的韭黄、芹菜、蒌蒿，如今仍是芜湖居民常吃的绿色食品。对"莼丝"，作者写了一段小注："莼为芜湖土产，而人无识者。"说明有些人还不懂得莼丝的食用价值。其实，生于水中的莼丝，质嫩味美，是做羹的好食材。

同诗第二十九首："啖茹何堪煮鱯头，网船祭网出新洲。今年上市河豚贱，不用先生典裤求。"诗中写了鱯头、河豚两种江河鱼类。鱯头因头大如人戴鱯而得名，此鱼今日市场上常有销售。河豚有剧毒，但去毒食之，为人间美味。

黄钺还以诗吟咏了百姓寻常的菜肴，寄托了对朴素生活的挚爱。如《冻豆腐》："一夕朔风饕，坚凝水玉膏。皱如皴石骨，松类发峰糕。有窍汤全孕，为羹笋或莴。直须赞三德，为尔却腥臊。"冬日，将豆腐冰冻，再与竹笋相煮，此为芜湖民间常食的一道佳肴。

又如《腌菜》一诗："改席洁杯盘，冬鏊出酒阑，剥焦心最美，锵颊齿为寒。糁称花零乱，储须日暴干。经春味尤俊，微带一份酸。"诗中描述了冬日制作腌菜的过程。还指出经春日后，腌菜略带一份酸的特色。如今，店家用腌菜烧鱼，制成酸菜鱼汤，为人们常食的一道美味。

菜肴有区域特色，代表了一地风味。黄钺多次诗中吟咏了芜湖的菜肴，表达了他对家乡的挚爱。

沈复的浮生笔谈

沈复的记叙体作品《浮生六记》，一经发现，便被广大文人学者所推崇。在中国的旧文苑内，这种记叙体文章，可真不少，然而难求一篇完美且完整之作，《浮生六记》便是其中的典范。

一、此书发现颇多曲折

《浮生六记》作者沈复，其有关事迹的记载，最早见于彭蕴璨《历代画史汇传》一书，在其卷五十，有如下文字："沈复，字三白。元和人。工花卉。"稍后，冯桂芬所撰同治《苏州府志》卷一百三十六（光绪九年刊本），也有记载："沈三白《浮生六记》。三白失其名。按无锡顾翰《拜石山房集》有《寿吴门沈三白诗》"。

最早发现《浮生六记》的，是杨引传。杨氏江苏吴县人，在苏州一冷摊上购得作者手稿，寻访作者信息，一无所获。光绪三年（1877），他将此书刊布问世。没有他该书早已失传，今天的读者或许不可能读到这部好书。

初刊时，仅为《浮生六记》的前面四记，缺失后面的两记。1935 年戏剧性的一幕出现，上海世界书局出版《美化文学名著丛刊》，收录了带有后两卷的《浮生六记》，即所谓足本《浮生六记》。足本的出现引起世人关注，亦引起一番争议。足本是由一位叫王文濡的人提供的，据说亦从苏州冷摊上买到。

据林语堂考证，"足本"的后两卷，"文笔既然不同，议论全是抄书，作假功夫幼稚，决非沈复所作。"

二、世人赞赏视为典范

《浮生六记》问世后，便被广大读者、专家视为佳品，享誉书坛。

《浮生六记》共分六卷：卷一，闺房记乐；卷二，闲情记趣；卷三，坎坷记愁；卷四，浪游记快；卷五，中山记历；卷六，养生记道。其中尤以《闺房记乐》《坎坷记愁》为最佳。第一卷写夫妇间之恋史，情思笔致极旖旎宛转，而又极真率简易，向来人所不敢昌言者，笔者则娓娓道来。

《浮生六记》一书，颇受广大读者追捧。前人曾以"幽芳凄绝，读之心醉"的评语，高度赞赏此书。

著名学者俞平伯指出："《浮生六记》一书，即是表现无量数惊涛骇浪相冲击中的一个微波的银痕而已。但即称是轻婉的微波之痕，已足使我们的心灵震荡而不怡。是呻吟？是怨诅？是歌唱？读者必辨之。"他还认为："《浮生六记》在中国旧文苑中，是很值得注意的一篇著作；即就文词之洁媚和趣味之隽永两点而论，亦大可供我们欣赏。"

俞平伯先生还特地为重刊《浮生六记》作序，整理出《浮生六记》年表。

著名文学家、翻译家林语堂则在阅读《浮生六记》时，感到"远超乎尘俗之压迫与人身之痛苦"，而女主人公芸娘则是"中国文学中最可爱的女人"。他表示，"素好《浮生六记》，发愿译成英文，使世人略知中国一对夫妇之恬淡可爱生活。"

三、怡养性情滋润心灵

现代社会，人们处于高节奏的生活中。白天匆匆忙忙，进入宁静之夜晚，人们需要在恬情书吧中，阅读一些闲适之小品，疏导情感情绪，提升生活品位。那些富有灵魂的文字，穿越中华千百年的时空隧道，可以烛照现代人的心灵。而沈复的《浮生六记》正是一本可供读者休养生息，获得恬淡舒适之生活趣味的佳作。

沈复是一位讲求生活趣味的文人。"余闲居，案头瓶花不绝。""每年篱东菊绽，秋兴成癖，喜摘插瓶。"他还是一位盆景制作的高手。"点缀盆中花石，小景可以入画，古景可以入神，一瓯清茗，神能趋入其中，方可供幽斋之玩。"。

沈复二十五岁时，曾应幕于徽州绩溪，在《浮生六记》中，有一段对绩溪的生动描述："绩溪城处于万山之中，弹丸小邑，民情淳朴。近城有石镜山，由山弯中曲折一里许，悬崖急湍，湿翠欲滴。渐高至山腰，有一方亭，四面皆陡壁，亭左石削如屏，青色光润，可鉴人形。"

沈复喜爱外出观赏四季景色，在"闲情记趣"中写道："至深秋，茑萝蔓延满山，如藤萝之悬石壁，花开正红色，白萍亦透水大放，红白相间。神游其中，如登蓬岛。"

他曾造访扬州，留下一段诱人文字："渡江而北，渔洋所谓'绿杨城郭是扬州'一语已活现矣。平山堂离城约三里，行其途有八九里，虽全是人工，而奇思幻想，点缀天然，即阆苑瑶池，琼楼玉宇，谅不过此。"

沈复在"养生记道"中，强调淡然无为，不必遇事百感焦虑。他主张："人大言，我小语。人多烦，我小记。人悸怖，我不怒。"并指出："淡然无为，神气自满，此生之药。"

沈复提倡寄情于卉木书画，以便在轻松的审美活动中除去烦恼。他说："然情必有所寄，不如寄情于卉木，不如寄情于书画。与对艳妆美人何异？可省却许多烦恼。"

四、清心寡欲有利于养生

调养身体，达到延年益寿的要求，是人们经常考虑的话题。沈复在《浮生六记》中专门设有"养生记道"一节，集中介绍他在"养生"方面的基本主张。

他指出："治有病，不若治于无病。疗身，不若疗心。使人疗，尤不若先自疗也。"

他特别看重"疗心"的重大意义。引"益州老人堂言'凡欲身之无痛，必须先正其心，使其心不乱求，心不狂思，不贪嗜欲，不着迷惑，则心君泰然矣。心君泰然，则百骸四体，虽有病，不难治疗'"。由此，他认为："心如明镜，不可以尘之也。又如止水，不可以波之也。"他还强调："口中言少，心头事少，肚里食少，有此三少，神仙可到。"做到"三少"，保持乐观心态，自然会身心健康。特地引让东大诗："蜗牛角上争何事，石火光中寄此身。随富随贫且欢乐，不开口笑是痴人。"不计贫富，开口常笑，方能益寿延年。

苦与乐，经常会发生的，应不必在意。"乐即是苦，苦即是乐。带些不足，安知非福。"

"今欲安心而却病，非将名利二字涤除净尽不可。""牛喘月，雁随阳，总成忙世界；蜂采香，蝇逐臭，同是苦生涯，劳生忧忧，惟利惟名。"人们终生为名利而奔波，苦了自己，很不值得。

作者举例："曾有多人过百岁，余扣其求回：'余乡村人，无所知。但一生只是喜欢，从不知忧恼。'此岂名利中人所能哉。"俗话说："笑一笑十年少，愁一愁白了头。"摆脱烦恼，保持乐观心态，这正是长寿的秘诀。由此沈复主张："吾人须于不快乐之中，寻一快乐之方法。""无论如何处境之中，可以不必郁郁，须从郁郁之中，生出希望和快乐之精神。"

欲壑难填，在生活中应有知足感，知足常乐，才会有一个乐观的心态。沈复谈道："余之所居，仅可容膝，寒则温室拥杂花，暑则垂帘对高槐。所自适于天壤间者，止此耳。"

"养生之道，一在慎嗜欲，一在慎饮食。"在饮食上，作者强调一个"慎"字，反对饕餮暴饮。提倡饮食应自我节制，以少食为佳。

五、真情妙笔再现舞台

戏曲专家认为："一个可以用真情修复生活的作品，可以让千疮百孔的灵魂得到片刻的喘息。"

清代文人沈复在《浮生六记》中，以生动的笔触记录了他与爱妻芸娘平凡而又充满情趣的生活，被后人誉为"小红楼梦"。

编剧罗周将《浮生六记》搬上舞台。罗周摒弃了平铺直叙的表现方式，不完全拘泥于原著的具体文字，亦未简单地还原两人的日常生活，着力刻画的是永远不会扑灭的"生"。表现文学对于死别的超越，以此打动广大观众的心灵。

由上海大剧院和江苏演艺集团共同出品昆曲《浮生六记》，已开始公演。剧中主角沈复与芸娘至悲至喜、悲喜交集的浓度仍如当初，深深感染着广大观众。昆曲水磨婉转之腔韵，恰如古老之爱情，在舞台上熠熠生辉。

曾国藩一生倡导简朴生活

　　曾国藩，集修身、齐家、治国于一身，是近代中外闻名的杰出人物。

　　曾国藩在现实生活中看到：天下官宦之家，多仅一代享用便尽；而耕读和美人家，则可较长延绵。他主张教子修身，力倡简朴勤奋，反对豪华奢侈之风。

　　俗话说，三军可夺帅，匹夫不可夺志。曾国藩重视立志的重大意义，他强调："人苟能自立志，则圣贤豪杰何事不可为？"人能立志，犹如"金丹换骨"，便可获取无穷无尽的力量。

　　曾国藩将"志、识、恒"视为修身三大要素。他说："士人第一要有志，第二要有识，第三要有恒。有志则不甘为下流；有识则知学问无尽，不敢以一得自足；有恒则断无不成之事。三者缺一不可。"

　　曾国藩把"慎独主敬，求仁习劳"作为日课四条，提出："自修之道莫难于养心。""慎独则心安"；"主敬则身强"；"求仁则人悦"；"习劳则神钦"。

还列举"古之圣君贤相，若汤之昧旦丕显，文王日昃不遑，周公夜以继日，坐以待旦，盖无时不以勤劳自励"。

曾国藩致兄弟子侄书信中，多次提到戒奢成逸，强调：家败，离不得"奢"字；人败，离不得"逸"字。其儿纪泽娶亲时，曾国藩特致书家中，要求"新妇始至吾家，教以勤俭"。

勤俭简朴之家风，是曾氏一直力倡的。要求儿女牢记"一饭一粥来之不易"，反对铺张浪费。

"青菜萝卜保平安"。曾家日常用蔬来自家中菜园，新鲜可口，足以饱腹。

曾国藩用餐，颇为简单，两样素菜即可。终生保持简朴的生活作风。即使家中办喜筵，也力求节俭，决不豪华奢侈。

近代著名学者梁启超曾高度评价曾国藩，他提出："曾文正者，岂惟近代，盖有史以来，不一二睹之大人也已；岂惟我国，抑全世界不一二睹之大人也已。"

章太炎一生爱吃"臭"食之癖

　　章太炎（1869—1936），浙江余姚人。彪炳史册的思想家、革命家、教育家。鲁迅先生在《关于太炎先生二三事》中称："考其生平，以大勋章作扇坠，临总统府之门，大诟袁世凯的包藏祸心者，并世无第二人；七被追捕，三入牢狱，而革命之志终不屈挠者，并世亦无第二人：这才是先哲的精神，后生的楷范。"

　　章太炎的曾孙章念驰在纪念其先祖父的文章中指出："先祖父是一个经历丰富，学说宏富，思想丰富的人"，"如果只能用一句话来概括他的话，应该说他是属于一辈子说真话的人。先祖父一辈子说学者的大实话，爱国者的真心话"。他的言行，有人一时不易理解，将他称作"疯子"。西方有些学者，把他称为"桀骜不驯的人"。其实，他是一个"独行孤见的哲人"。

　　中国的有些人在饮食上，有爱食臭味的习惯，徽州有食臭鳜鱼的风俗，将臭鳜鱼制作一番，视为岁桌上的一道美食。湖南长沙爱吃臭豆腐，臭豆腐经煎烤，抹上辣椒，其味鲜美。

　　国学大师章太炎饮食上，有爱吃臭食品的癖好，特别爱吃臭豆腐。

　　画家钱化佛得知太炎先生这一嗜好，特地给他送来臭咸蛋、臭苋菜、臭花生，投其所好。章氏见此心中大喜，立即提笔为他手书，连续为他写了四十多张精彩的书法作品，让钱化佛满载而归。

王国维的甜食嗜好

王国维（1877—1927），字静安，一作静庵。晚年以所居名观堂，更号观堂。

其父王乃誉，早年弃儒习商，于贸易之暇攻书画金石诗文，后佐江苏溧阳幕十余年，著有《游目录》《娱庐诗集》等。

王国维幼颖异，随父每日课读，深夜不辍，诗文皆能成诵。十六岁为秀才。翌年入杭州崇文书院，潜心古籍。与褚嘉猷、叶宜春、陈守谦纵论文史，被称为"海宁四子"。两应乡试不中，遂弃科场，致力为文。

1898年至上海，入《时务报》任书记。《时务报》同人汪康年、罗振玉创办"东文学社"，聘日本学者藤田丰八，以日文讲授，王国维参与学习，后又任庶务。1902年赴日留学，因脚气病发作，当年夏返沪。自此以后，为独学时期。1903年应张謇之约，至南通通州师范任教，主讲哲学。1904年7月，撰《红楼梦评论》，此为中国学者运用西方文论研究中国古典文学的第一次尝试。是年12月，应罗振玉之请至苏州江苏师范学校，讲授心理学、社会学。1907年春，以罗振玉之荐，晋京在学部总务司行走，任图书馆编译、名词馆协修。1908年在上海《国粹学报》发表《人间词话》，以"意境"作为论词及一切艺术之标准。1913年2月《宋元戏曲史》书成。梁启超认为："曲当将来能成为专门之学，则静安当为不祧之祖。"郭沫若则认为："《宋元戏曲史》和鲁迅的《中国小说史略》是中国文艺史研究上的双璧。不仅是拓荒的工作，前无古人，而且是权威的成就，一直领导着百万的后学。"1916年在上海，应哈同聘，为其编撰《学术丛编》，并任"仓圣明智大学"教授。1922年春，由胡适建议，北大研究所聘王国维为国学门函授导师。1925年清华学校校长曹云祥根据胡适建议，聘王国维为研究院导师。

1927年6月2日上午10时许，王国维至颐和园石舫内枯坐良久。11时，从鱼藻轩石阶跃入昆明湖，溺水身亡。在其衣袋中发现遗书："五十之年，只欠一死；经此事变，义无再辱。"

1929年6月2日，王国维逝世两周年忌日。清华大学研究生院师生立"海宁王静安先生纪念碑"。陈寅恪撰碑文，林宰平书丹，马衡篆额，梁思成设计碑式。碑文中云："先生之著述，或有时而不章，先生之学说，或有时而可商。惟此独立之精神，自由之思想，历千万祀，与天壤而同久，共三光而永光。"

王国维生活俭朴，唯对甜食有特别之嗜爱。他家有个零食柜，宛如一个小小的糖果铺。太太每周进城，必为王国维采购甜食。

　　王国维对苏式糖果、糕点情有独钟。每日下午三四点钟，他都会在繁忙的研究工作中，休息一下，吃点糖果糕点，这一直是他的生活习惯。

　　王氏的孩子，也继承了其父偏爱甜食的习惯，一家人都爱食甜点心。

鲁迅的美食情愫及笔下的绍兴民食

现代中国思想史、文学史上，鲁迅是一位卓越人物。毛泽东主席曾给他极崇高的评价："鲁迅的骨头是最硬的，他没有丝毫的奴颜和媚骨，这是殖民地半殖民地人民最可宝贵的性格。鲁迅是在文化战线上，代表全民族的大多数，向着敌人冲锋陷阵的最正确、最勇敢、最坚决、最忠实、最热忱的空前的民族英雄。"

一、中国现代文学的奠基人

鲁迅先生是我国现代文学的拓荒者和奠基人。他创作的《狂人日记》是我国首篇白话文小说。在这一部作品中，作者揭露了我国数千年历史"吃人"的社会本质。喊出了"救救孩子"的时代呼声。

"横眉冷对千夫指，俯首甘为孺子牛"。这是对鲁迅精神的深刻写照。

鲁迅极为关注千千万万黎民百姓，更关注生活于农村的贫困农民。正如李长之所述："他那性格上的坚韧、固执、多疑，文笔的凝练、老辣、简峭都似乎不宜于写都市。写农村，恰恰发挥了他那常觉得受奚落的哀感、寂寞和荒凉，不特会感染了他自己，也感染了所有的读者。"

他将笔伸向农村，写农村的破产，农民的苦难。

《阿Q正传》是鲁迅小说的名篇。在这一作品中，塑造了阿Q这一典型形象，作者"哀其不幸，怒其不争"，深刻地描述其苦难的一生，鞭挞了阿Q的性格特征——精神胜利法。时至今日，这一形象仍对读者有深远的警示意义。

《祝福》，刻画了农村妇女祥林嫂在封建礼教重压下，极其悲痛的一生。祥林嫂被搬上了银幕，成为千家万户熟知的艺术形象。

《故乡》，曾被选入语文课本，文中描写了闰土和杨二嫂的人物形象，为广大读者所难忘。小说抒发了作者对新生活的热切企盼。

鲁迅笔下的众多杂文，是匕首，是投枪，亦是锐利的思想武器，刺破了旧社会的黑暗，揭穿了形形色色的市侩嘴脸。

鲁迅逝世时，社会各界知名人士为其送葬，在其棺木上覆盖了"民族魂"的大旗。

二、小说中对家乡民食的精彩描写

鲁迅的小说有浓郁的地方特色，可以见到绍兴一带的饮食风情。

小说《祝福》中，写鲁镇年终的庆典，"杀鸡，宰鹅，买猪肉，用心细细的洗，女人的臂膊都在水里浸得通红，有的还带着绞丝银镯子。煮熟之后，横七竖八的插些筷子在这类东西上，可就称为'福礼'了，五更天陈列，并且点上香，恭请福神享用……"这里，鲁迅先生为我们描绘了一幅生动的过年风俗画。

小说《孔乙己》中，有"倘肯多花一文，便可以买一碟盐煮笋，或者茴香豆，做下酒物了"的内容。盐煮笋、茴香豆，这是江南城乡百姓常食的下酒菜，小孩平时亦常作零嘴食。

小说《风波》中，鲁迅先生描写了江南农村吃晚饭的情景："老人男人坐在矮凳上，摇着大芭蕉扇闲谈，孩子飞也似的跑，或者蹲在乌桕树下赌玩石子。女人端出乌黑的蒸干菜和松花黄米饭，热蓬蓬冒烟"。乌黑的蒸干菜，是江南一带民间常食的菜肴，将青菜或腊菜煮熟晒干，随时备用。若同猪肉一道烧制，味道更佳。

小说《故乡》中，刻画了斜对门的豆腐店，店里的"豆腐西施"杨二嫂："却见一个凸颧骨，薄嘴唇，五十岁上下的女人站在我面前……"豆腐是大江南北，祖国各地百姓的家常菜。鲁迅先生在《故乡》中，专门写了豆腐店和店中的杨二嫂，通过杨二嫂浅薄的表演，说明她生活十分艰辛，也表明农村的日趋破产。

在其著名小说《阿Q正传》中，描述了阿Q困苦的一生。文中写道：阿Q为饥饿所迫，来到静修庵，发现一畦菜地栽着萝卜，便拔萝卜充饥，被小尼姑发现，发生一番交锋，"爬上桑树，跨到土墙，连人带萝卜都滚出墙外面了"。

俗话说"乡里萝卜土人参"。萝卜是乡间民众不可或缺的食品，阿Q为生计发愁，他在静修庵边的菜地里，偷食几个萝卜，亦在情理之中。

上述数例，可以看到鲁迅小说具有浓厚的民俗色彩。他的笔下，多处写到乡间菜肴，这些菜肴均具有独特的区域特色。

三、一个追求饮食之美的大文人

鲁迅先生在生活上，十分注意饮食之美，讲求食物的精致，嚼而有味，是一位很有素养的美食家。他爱喝家乡的绍兴酒，爱吃甜食，如萨其玛、奶油蛋糕。平常喜欢邀一些文友到餐馆聚会。据日记记载，由他做东或别人邀请出席的宴会，在北京去过的饭店不下百家，知名的餐馆有：广和居、致美楼、览味斋、杏花村等，可谓足迹遍及京城各大名餐馆。

　　人们在鲁迅先生的影像中，可以见到他抽烟的神态。其实，鲁迅亦好酒，每顿必喝，尤爱喝家乡的黄酒。酒量不大，知味而止，从不多喝，也不向别人劝酒。

　　鲁迅在北京去得最多的餐馆是广和居。特别喜爱吃广和居的"三不粘"。此菜用鸡蛋、淀粉、白糖、白水加工而成，不粘盘、不粘勺、不粘牙，清爽可口，还有很好的解酒功能。

周作人富有特色的饮食散文

周作人（1885—1967），原名周櫆寿，又名周奎绶，后改名周作人。浙江绍兴人，中国现代著名散文家、评论家、翻译家、诗人，中国民俗学开拓者，新文化运动的代表人物之一。

抗战时期，曾任伪华北政务委员会教育总署督办。抗战胜利后，被捕入狱。1949年释放。晚年主要从事翻译与著述。

周作人在文学上以散文创作最为突出。他的散文以平和冲淡为特色，随意而成，语言平白，却能造成幽隽淡远的意境。

一生著译颇多，主要有：《自己的园地》《雨天的书》《谈虎集》《苦竹杂记》《谈龙集》《中国新文学的源流》《艺术与生活》《知堂回想录》。译著有：《点滴》《玛加尔的梦》《陀螺》《狂言十番》《希腊的神与英雄》。

周作人对故乡的理解与众人不太一样，他认为："凡我住过的地方都是故乡。""只因钓于斯游于斯的关系，朝夕会面，遂成相识，正如乡村里的邻舍一样，虽然不是亲属，别后有时也要想念到他。我在浙东住过十几年，南京东京都住过六年，这都是我的故乡；现在住在北京，于是北京就成了我的家乡了。"
"日前我的妻往西单市场买菜回来，说起有荠菜在那里卖着，我便想起浙东的事来。荠菜是浙东人春天常吃的野菜，乡间不必说，就是城里只要有后园的人家都可以随时采食……那时小孩们唱道：'荠菜马兰头，姊姊嫁在后门头'。""黄花麦果通称鼠曲草，系菊科植物，叶小微圆互生，表面有白毛，花黄色，簇生梢头。春天采嫩叶，捣烂去汁，和粉做糕，称黄花麦果糕。小孩们有歌赞美之云：'黄花麦果韧结结，关得大门自要吃'。"清明扫墓时，保存古风人家，用花黄麦果作供品。扫墓时，常吃的还有一种野菜，俗名草紫，通称紫云英，花朵若蝴蝶，小孩常用来编制花环，戴上可增秀色。

有些食品辗转流传，传入国外，又流入中国，羊肝饼便是一例。"羊羹"是一种有名的茶点。这种食品并不是羊肉做的羹，而是一种净素的美食，用小豆做成细馅，加糖精制而成，按理应称"豆沙糖"。

中国地大物博，风俗与土产随地各有不同。南北的点心也各有特色。北方点心的历史古，南方点心的历史新，北、南方点心铺的招牌上各有两句不同的称法，北方点心铺写的是"官礼茶食"，南方点心铺写的是"嘉湖细点"。南方茶食中有些东西是小时候熟悉的，例如糖类的酥糖、麻片糖、寸金糖；片类的云片糕、椒桃片、松仁片；软糕类的松子糕、枣子糕、蜜仁糕、橘红糕等；此外还有缠类，如松仁缠、核桃缠，乃是干果包上糖，其实并不是怎么好吃。

苋菜在南方平民生活中，几乎是每天都可见到的东西。苋菜梗的制法：俟其抽茎如人长，肌肉充实之时，去叶取梗，切作寸许长短，用盐腌，藏瓦坛中，候发酵即成，生熟皆可食。苋菜梗卤可浸豆腐干，卤可蒸豆腐，别有一番山野之味。

《邵氏见闻录》云："人常咬得菜根则百事可做。"俗语亦云："布衣暖，菜根香，读书滋味长。"食菜根，第一，可以退贫；第二，可以习苦。这年头，人应该学得略略吃得苦才好。

周作人在《吃菜》一文中，所谈的"菜"，即"蔬菜"。"吃菜"大约就是善取素食。菜之茎叶均可食，又因其含有维生素，不但充饥，还可养生。奉行多食蔬菜的人，可视践行吃菜主义。这种吃菜主义者，大致可分为两类。第一类是道德的，崇尚素朴清淡的生活。孔子云："饭蔬食，饮水，曲肱而枕之，乐亦在其中矣。"可以说是此派的祖师。吃菜主义之二是宗教的，根据佛法，杀生而食列于戒中。

周作人并不主张彻底禁食肉，他说："据我看来，吃菜亦复佳，但也以中庸为妙，赤米白盐绿葵紫蓼之外，偶然也不妨少进三净肉。"凡事彻底终会碰壁，还是折中为好。素食，亦不妨吃点肉，让生活更丰富。

夏丏尊及随笔《谈吃》

夏丏尊（1886—1946），名铸，字勉旃，号闷庵，后改名丏尊。浙江上虞人。自幼上私塾，1902年到上海中西书院读书。1903年入绍兴学堂学习。1905年赴日本留学。1908年任浙江两级师范学堂通译助教。1920年到湖南第一师范任教。1927年任暨南大学中文系系主任，并编《一般》杂志，后任开明书店总编辑。1930年负责主持《中学生》杂志。1936年任《新少年》社社长。1937年任《月报》社社长。抗战爆发，任《救亡月报》编委。主要作品有《文心》《文章讲话》等。

《谈吃》是夏丏尊关于饮食的一篇随笔。文章一开头便写道："说起新年的行事，第一件在我脑中浮起的是吃。回忆幼时一到冬季，就日日盼望过年，等到过年将届就乐不可支。因为过年的时候，有种种乐趣，第一是吃的东西多。"

"中国人是全世界善吃的民族。普通人家，客人一到，男主人即上街办吃场，女主人即入厨罗酒浆，客人则坐在客堂里口嗑瓜子，耳听碗盏刀俎的声响。"

中国的百姓讲究吃局，端午要吃，中秋要吃，生日要吃，朋友相会要吃。

"俗话说得好，只有'两脚的爷娘不吃，四角的眠床不吃'。中国人吃的范围之广，真可使他国人为之吃惊。中国人于世界普通的食物之外，还吃着他国人不吃的珍馐：吃西瓜的实……"

"至于吃的方法，更是五花八门：有烤、有炖、有蒸、有卤、有炸、有烩、有熏、有醉、有炙、有熘、有炒、有拌，真正一言难尽。……有人说中国人有三把刀为世界所不及，第一把就是厨刀。"

吃的重要还见于中国人的语言上。汉字中，"吃"的意义特别复杂。被人欺负，曰"吃亏"；打巴掌，曰"吃耳光"；希求非分，曰"想吃天鹅肉"；诉讼，曰"吃官司"；中枪弹，曰"吃卫生丸"；军人，曰"吃公粮的"；……

看来，夏丏尊先生对国人太注重于"吃"，颇为不满，他主张正确对待人生的吃。

胡适喜爱徽菜寄托了对家乡的厚爱

作为学者、文人的胡适，虽常年在外，甚至远离祖国，但他对家乡菜肴的厚爱，一刻也没有减弱，在他的书信和文章中，充满了对徽菜的喜爱。

一、是著名学者，也是仁人义士

胡适（1891—1962），安徽绩溪上庄人，原名嗣穈，乳名穈儿，学名洪骍，后改名适，字适之。幼在家乡读私塾。13岁至上海，先后在梅溪学堂、澄衷学堂、中国公学读书。19岁入京，考取赴美留学官派生，为实用主义哲学家杜威之高足。其一生在文学、史学、哲学诸学术领域均有开创性贡献。曾任中国公学校长、北京大学文学院院长、北京大学校长。先后创办或参与编辑《新青年》《每周评论》《努力周报》《现代评论》《新月》《独立评论》等，在文化界、教育界、思想界产生过重要影响，被誉为"现代中国最具国际声望的学者和社会活动家之一"。

胡适具有良好的道德修养。著名学者梁实秋在《胡适先生二三事》中谈道："胡先生从来不在人背后说人的坏话，而且也不喜欢听人在他面前说别人的坏话。"胡适还说："来说是非者，便是是非人！"

著名作家冰心在《回忆中的胡适先生》中声称："胡适先生是我们敬仰的'一代大师'。"

胡适力主创新，他特别喜欢赵瓯北的一首诗："李杜诗篇万口传，至今已觉不新鲜。江山代有才人出，各领风骚数百年。"

胡适是个有广泛兴趣的人，为提倡一件事或倡导一种学术动向，总是挺身而出并全力以赴。

他的《尝试集》，是新文学首部新诗集。出版后深受读者喜爱，仅过半年，又再版，两年间销售一万册。

胡适自称"考据癖"，爱做一些半新不旧的考据文章。长于文史研究及哲学研究。主要著作有：《中国哲学史大纲》（上卷）、《白话文学史》、《水浒传考证》、《红楼梦考证》等。

胡适注重"自由"与"人权"，对专制与践踏人权的行为，十分痛恨。1929年4月，胡适对当时国民政府动辄以"反革命"罪名迫害异己、践踏人权的现象大为不满，曾写信给当时的司法院长王宠惠，提出质问和抗议，又在《新月》杂志上连续发表《人权与约法》，谴责国民党一党专政，要求保障人权。

胡适待人宽厚，乐于助人，只要是他能做到的，没有不帮助朋友的。

胡适在大学任教时，经常资助一些学业优秀、生活困苦的穷学生，不在乎钱财。有一次资助学生时，发现妻子江冬秀从中作梗，便向妻子大发雷霆，盛怒之下，提出离婚，经长辈相助，他提出："今后我要给哪个学生30元，你就付30元；要给50元，你不准给49元。我要将全部家当给谁，你不准说个'不'字。"江冬秀只得满口答应。

胡适为了把林语堂从清华挖到北大，和他达成君子协定，北大每月资助他40美元。他学成回国，必须到北大任教。林语堂赴美后，妻子两次住院做手术，经济拮据，打电话向胡适求援，胡适以北大名义汇了两千元。林回国后，向北大校长蒋梦麟致谢，蒋校长十分诧异。原来是胡适求贤心切，自己掏钱的。林语堂得知此中真情，十分感动，赶紧将钱如数归还胡适。

大量事实表明，胡适是一位不计钱财、真心帮助他人的高尚学者。

二、爱乡心切，视徽菜为一生最爱

胡适长期在外求学，后来成了一名有三十多个博士头衔的洋学者，但他时刻将家乡徽州牢记心中。

胡先生常夸说，徽州通常聚族而居，姓胡的，姓汪的，姓程的，姓吴的，姓叶的，大概都是徽州人，或源出徽州。

胡适十分赞赏徽州人勤劳、刻苦、默默奉献的品格，把徽州人比喻骆驼，称之为"徽骆驼"。

他虽跑遍中外各地，品尝过中外各地的美食佳肴，却对徽菜情有独钟，赞美不绝。

1910年7月，胡适北上参加清华庚款留美官费生考试。7月22日致母亲信中写道："今日忽念及家中大小团聚吃各种包子，此乐真令天涯游子想煞煞！"表明胡适对家乡包子无比厚爱，始终难以忘怀。

考取官费留美后，1911年1月30日致母亲信中写道："美国烹调之术殊不佳，各种肉食皆枯淡无味，中国人皆不喜食之。"说明胡适不习惯洋餐，而对中式菜肴，深为爱食。

胡适好客，友朋到他家，总盛情款待。待客名菜，便是胡太太亲自操作的"一品锅"。

一只大铁锅，口径差不多二尺，热腾腾地端上桌，里面还在沸腾，一层鸡、一层鸭、一层肉，点缀着一些蛋饺，最底下是萝卜、白菜。

胡先生告诉客人，这是徽州人待客的上品，有荤有素。酒菜、饭菜、汤都在其中，任就餐者自选。

胡太太还能做一手可口的蛋炒饭。这种蛋炒饭十分特别，不见蛋却蛋味十足。其做法是将饭放入搅好的蛋里，拌均匀，一起下锅炒。

绩溪是胡适的故乡，绩溪人擅烹调，在全国各大城市开了不少徽菜馆，培育了大批徽派厨师，使徽菜成为我国著名的八大菜系之一。

胡适对家乡徽菜，有浓厚的兴味。他爱食徽菜，寄托了他心中挥之不去的乡恋。

叶圣陶的饮食生活

　　叶圣陶（1894—1988），现代著名作家、教育家。原名叶绍钧。江苏苏州人。1907年，考入草桥中学，毕业后任小学教员。1914年开始用文言文写小说，1919年开始用白话文写作。1921年与茅盾发起成立文学研究会，编辑过《小说月报》《妇女杂志》《中学生》等刊物。抗战时，至四川从事教育与编辑工作。1945年抗战胜利后，于开明书店工作。1949年后，任出版总署副署长、人民教育出版社社长、教育部副部长等职。1958年人民文学出版社出版《叶圣陶文集》。其作品有短篇小说集《隔膜》《火灾》《线下》等；长篇小说《倪焕之》；散文集《脚步集》；新诗集《雪潮》；童话集《古代英雄的石像》《稻草人》等。

　　叶圣陶祖籍徽州，生于苏州。苏州是一座临水而居的城市，水乡盛产的藕与莼菜，成为叶圣陶儿时常食的佳肴。他在《藕与莼菜》一文中，写道："同朋友喝酒，嚼着薄片的雪藕，忽然怀念起故乡来了。"若在故乡，新秋的早晨，门前便有许多乡下人，挑着一担担洁白的鲜藕来城里出售。由藕又联想起莼菜。在故乡的春天，几乎天天吃莼菜。莼菜本身没有味道，味道全在于好的汤。但它嫩绿的颜色与丰富的诗意，无味之味真是令人心醉。"因为在故乡有所恋，而所恋又只在故乡有，就萦系着不能割舍了。"

叶圣陶先生喜欢喝点酒，年轻时不免会有酩酊大醉之时，后来就很有自制了。其子叶至诚在《父亲醉酒》中，记述了其父仅有的两次醉酒。

一次是抗战期间，乐山被炸后。他应邀到一位外籍同事家喝酒，喝得摇摇晃晃。那时国耻当头，心境苦闷，以酒解忧。

一次是1946年11月30日，受中共上海办事处邀请，到马思南路办事处，为朱德总司令生日庆寿。叶先生心情激动，向往光明，多喝了几杯，出现了醉态，由中共办事处的黑色小轿车，将他送回开明书店。他从怀里掏出一只苹果，送给孙子，要他保管好，不要吃，反复说："这是烟台的苹果，这是烟台的苹果。"为什么老说"烟台"呢？因为烟台是解放区，是光明所在。酒后吐真言，表明叶老对解放区的由衷向往。

叶老大儿子叶至善在《陪父亲喝酒》中，亲切介绍了他陪慈父饮酒的情景。叶老八十初度，作《老境》一诗："居然臻老境，差幸未颓唐。把酒非谋醉，看书不厌忘。睡酣云夜短，步缓任街长。偶发园游兴，小休坐画廊。"父亲喝张裕白兰地，叶至善喝剑南春或五粮液。叶老一边喝酒一边与子闲聊，天上地下，国内海外，可聊之话题颇多。

有一日他边饮酒，边赞赏毛主席的两首《沁园春》，选字精当，意境开阔，一一作了具体阐明。

叶老经常一边品酒，一边回味传统文化，不失为一位学养丰厚的文化老人。

林语堂笔下的《中国人》

　　林语堂（1895—1976）在我国现代文学史上，是一位知名度颇高的作家，又是一位"两脚踏中西文化，一心评宇宙文章"的著名学者。一生共撰三十五部中英文著作，在海内外产生了广泛的影响。

一、学贯中西的杰出才子

　　1940年，美国纽约艾迈拉大学在授予林语堂名誉文学博士时，该校校长赞扬说："林语堂——哲学家、作家、才子——是爱国者，也是世界公民，您以深具艺术技巧的笔锋，向英语世界阐释伟大中华民族的精神，获致前人未能取得的效果。您的英文极其美妙，使以英文为母语的人既羡慕钦佩，又深自惭愧。"
　　林语堂一生积极从事中西文化交流，成为"非官方的中国大使"。

写成于20世纪30年代的《吾国吾民》《生活的艺术》颇受读者欢迎。尤其是《生活的艺术》，全部用英语，以散文化的笔调，叙述生活哲理，使不甚了解中国的西方读者，为之耳目一新。

林语堂之所以获得如此巨大的成就，一方面有其精湛的英语功底，另一方面有其深厚的国学修养。

当年到美国为了便于写作，他随身携带了大量经典名著，除了《论语》《老子》《庄子》外，还有《小窗幽记》《幽梦影》等。

他倡导一种轻逸而近乎愉悦的"闲适哲学"，保持人的原有的快乐本性，在适中的生活中享受幸福。他不赞成美国人那样"把工作看得高于生存"，而主张适当调节生活节奏，在繁忙中有所悠闲。

对艺术创作，林语堂则认为：作品是作家个性的表现，是艺术家灵魂的自然表露。在艺术作品中最富有意义的就是技巧外的个性。如缺少这种个性，便成了死的东西，不论怎样高明的技巧都无法弥补。

林语堂的这些观点，至今仍对我们有启迪意义。

二、《中国人》中畅谈美食

《中国人》，林语堂的成名作、代表作。

赛珍珠在为本书所作的序言中指出：这是"一本有关中国、与中国的名字相称的书"，"它应该是坦诚相见，不自惭形秽的，因为中国人向来就是一个骄傲的民族，具有坦率与骄傲的资本。对中国的理解需要智慧和洞察力，因为中国人在理解人类本质时就是聪明而富有洞察力的"。

赛珍珠对林语堂的《中国人》，予以极高的评价："我认为这是迄今为止最真实、最深刻、最完备、最重要的一部关于中国的著作。"

此书的第九章"人生的艺术"第三节专门阐述了中国人的饮食。

林语堂指出："'吃'是人生为数不多的享受之一。"

中国人趣味十分广泛，热衷于"吃"，"任何一个有理性的人都可以从中国人的饭桌上取走任何品种的食物去品尝而不必疑神疑鬼"。

"只有一个社会中有文化有教养的人们开始询问他们的厨师的健康状况，而不是寒暄天气，这个社会里的烹调艺术才会发展起来。"

"未吃之前，先急切地盼望，热烈地讨论，然后再津津有味地吃。吃完之后，便争相评论烹调的手艺如何，只有这样才算真正地享受了吃的快乐。"

"我们毫无愧色于我们的吃。我们有'东坡肉'，又有'江公豆腐'。"

"任何人翻开《红楼梦》或者中国的其他小说，将会震惊于书中反复出现、详细描述的那些美味佳肴，比如黛玉的早餐和宝玉的夜点。"

"没有一个英国诗人或作家肯屈尊俯就，去写一本有关烹调的书。……然而，伟大的戏曲家和诗人李笠翁却并不以为写一本有关蘑菇或其他荤素食物的烹调方法的书，会有损于自己的尊严。另外一位伟大的诗人和学者袁枚写了厚厚的一本书，来论述烹饪方法，并写有一篇最为精彩的短文描写他的厨师。"

中国的烹饪有别于西方，主要有两方面：其一，我们吃东西吃它的组织肌理，它给我们牙齿的松脆或富有弹性的感觉，以及它的色、香、味。李笠翁自称为"蟹奴"，因为蟹集色、香、味于一身。其二，味道的调和。整个中国烹饪法，就是仰仗着各种品味的调和艺术。白菜煮鸡，鸡味渗进白菜里，白菜味钻进鸡肉中，互为调和，形成新的美味。

中国好饮茶，饮茶本身就是一门学问。"饮茶还促使茶馆进入人们的生活，相当于西方普通人常去的咖啡馆。人们或者在家里饮茶，或者去茶馆饮茶；有自斟自饮的，也有与人共饮的；开会的时候喝茶，解决纠纷的时候也喝；早餐之前喝，午夜也喝。只要有一只茶壶，中国人到哪儿都是快乐的。这是一个普遍的习惯，对身心没有任何害处。"

"茶叶和泉水的选择，本身也是一种艺术。这里我想举十七世纪初的一位学者张岱为例。他写了文章谈论他自己品尝茶和泉水的艺术，从中可以看出，他是当时一位伟大而不可多得的行家。"

郁达夫及《饮食男女在福州》

郁达夫（1896—1945），现代著名小说家、散文家。原名郁文。浙江富阳人。早年留学日本，毕业于日本东京帝国大学经济学部。与郭沫若、成仿吾组织创造社，为创造社主要成员。1921年出版第一本小说《沉沦》，反映留日学生生活，表现现代人的苦闷。郁达夫与鲁迅交往密切，1927年在上海合编《奔流》。抗战时期，在香港、南洋群岛从事抗日救亡活动。新加坡沦陷后，流亡苏门答腊。1945年9月，被日本宪兵队杀害。

陈仪任福建省政府主席时，为了应对中日错综复杂的关系，需聘一位精通日语、在日本人中有一定声望和地位的人，专门应对蜂拥而来的日本政客、军人、特务、浪人，郁达夫自然是再合适不过的人选。这样，郁达夫便应聘到了福州，在闽生活了一段时间。

福州的饮食给郁达夫留下了美好印象。他在《饮食男女在福州》中写道："福州的食品，向来就很为外省人所赏识。""福建菜的所以会这样著名，而实际上却也实在是丰盛不过的原因，第一，当然是由于天然物产的富足。福建全省，东南并海，西北多山，所以山珍海味，一例的都贱如泥沙。听说沿海的居民，不必忧虑饥饿，大海潮回，只消上海滨去走走，就可以拾一篮海货来充作食品。又加以地气温暖，土质腴厚，森林蔬菜，随处都可以培植，随时都可以采撷。一年四季，笋类菜类，常是不断；野菜的味道，吃起来又比别处的来得鲜甜。福建既有了这样丰富的天产，再加上以在外省各地游宦营商者的数目的众多，作料采从本地，烹制学自外方，五味调和，百珍并列，于是乎闽菜之名，就喧传在饕餮家的口上了。清初周亮工著的《闽小纪》两卷，记述食品处独多，按理原也是应该的。"

福建靠海，海产品丰富。"福州海味，在春三二月间，最流行而最肥美的，要算来自长乐的蚌肉，与海滨一带多有的蛎房。《闽小纪》里所说的西施舌，不知是否指蚌肉而言；色白而腴，味脆且鲜，以鸡汤煮得适宜，长圆的蚌肉，实在是色香味俱佳的神品。"

"蛎房不是福州独有的特产，但福建的蛎房，却比江浙沿海一带所产的，特别的肥嫩清洁。"比东坡岭南所食的蚝，要好吃得多。

在福州的大街小巷走过，好些店家都有一个大砧头摆在店中，一两位壮汉，拿了木槌，对着砧上的一大块猪肉，一下一下死劲地敲，他们是在制作肉燕。将猪肉打得粉碎，和入面粉，用以包制菜肴。这种肉燕，是福州的一大特产。

　　"福州的水果花木，终年不断；橙柑、福橘、佛手、荔枝、龙眼、甘蔗、香蕉，以及茉莉、兰花、橄榄等等，都是全国闻名的品物。"

　　闽茶半出武夷，著名的有铁罗汉、铁观音两种，非红非绿，略带赭色，有醒酒之功效。

　　据《闽小纪》所载，番薯是福建人从南洋运入的代食品，种植便利，食味甘美，可补粮食之不足。

　　福州城内饮食的有名处所，有树春园、南轩、河上酒家、可然亭等。榕树播绿，流水淙淙，是就餐的绝佳环境。

郑振铎畅叙《宴之趣》

郑振铎（1898—1958），笔名西谛，福建长乐人。1917年考入北京铁路管理传习所，1919年参加"五四运动"，与瞿秋白等人合编《新社会》旬刊。1920年创办《人道》月刊。1921年赴上海，在商务印书馆编译所任职，与沈雁冰、王统照等发起成立文学研究会。1925年，"五卅运动"初期，与叶圣陶等编《公理日报》，写了《街血洗去后》，1927年大革命失败后，被迫远走欧洲。1931年任燕京大学教授并在清华大学兼课，完成《插图本中国文学史》的撰写。1934年，赴沪任暨南大学文学院院长，为生活书店编《世界文库》，参加《中国新文学大系》的编辑工作。抗战期间，上海沦亡后，坚持抗日救亡的地下活动，编著《中国俗文学史》《中国版画史图录》。1949年后，任中央文化部文物局局长、中国科学院考古研究所所长、文化部副部长。

1958年10月18日，出国访问时，因飞机失事不幸殉职。这位多才多艺的杰出文人，在从事国际文化交流的公务中，献出了宝贵的生命。

郑振铎先生在留给我们的随笔中，有一篇名为《宴之趣》，谈他对当时社会上的许多宴会的看法。

他写道："'有多少次，我是饿着肚子从晚餐席上跑开了。'这是一句隽妙无比的名句；借来形容我们宴会无虚日的交际社会，真是很确切的。"

"每一个商人，每一个官僚，每一个略略交际广了些的人，差不多他们的每一个黄昏，都是消磨在酒楼菜馆之中的。"

我们是村里十足的"乡下人"，一个月中难得有几个黄昏是在"应酬"场中度过。

"如果有什么友人做喜事，或寿事，在某某花园，某某旅社的大厅里，大张旗鼓的宴客，不幸我们是被邀请了，更不幸我们是太熟的友人，不能不到，也不能道完了喜或拜完了寿，立刻就托辞溜走的，于是这又是一个可怕的黄昏。"

当然，也有一种别有趣味的宴合，"那就是集合了好几个无所不谈的朋友，全座没有一个生面孔，在随意地喝着酒，吃着菜，上天下地地谈着。有时说着很轻妙的话，说着很可发笑的话，有时是如火如剑的激动的话，有时是深切的论学谈艺的话，有时是随意地取笑着，有时是面红耳热地争辩着，有时是高妙的理想在我们的谈锋上触着，有时是恋爱的遇合与家庭的与个人的身世使我们谈个不休。每个人都把他的心胸赤裸裸地袒开了，每个人都把他的向来不肯给人看的面孔显露出来了；每个人都谈着，谈着，谈着，只有更兴奋地谈着，毫不觉得'疲倦'是怎么一个样子"。这是人生最快意的时刻，是最美好的享受。

"再有，佳年好节，合家团圆的坐在一桌上，放了十几双的红漆筷子，连不在家中的人也都放着一双筷子，都排着一个座位。"大家彼此祝福，举杯共饮。这也是人间最美好的宴趣。

丰子恺幽然的酒食文字

　　丰子恺（1898—1975），原名丰润，浙江桐乡人。早年师从李叔同学习绘画、音乐。1921年春赴日游学，同年冬回国，在沪、浙等地任教。1929年任上海开明书店编辑。1937年抗战开始，辗转桂林、重庆任教，后辞去教职，以画润、稿酬为生。抗战胜利后，迁居杭州。解放前夕，移居上海。新中国成立后，任上海中国画院院长、上海美术家协会主席。主要作品有：散文集《缘缘堂随笔》《缘缘堂再笔》《率真集》；译作《源氏物语》《石川啄木小说集》；漫画集《子恺漫画全集》等。其作品朴实率真，令人喜爱。其毛笔漫画，构图简练，富有生活趣味。

　　丰子恺有篇随笔叫《爆炒米花》，写得极为生动，开头便是"楼窗外面'砰'的一响，好像放炮，又好像轮胎爆裂。推窗一望，原来是'爆炒米花'。我家的劳动大姐主张不用米粒，而用年糕来托他爆。把水磨年糕切成小拇指大的片子放在太阳里晒干，然后拿去托他爆"。变大数倍，吃起来略带甜味，小孩、大人都爱食。丰子恺由"爆米花"联想到自身的随笔："原来我的随笔都好比是爆过、放松过的年糕！"

丰子恺好饮酒，饮的是度数不高的黄酒。有关饮酒之事，写过三篇随笔。

在《沙坪的美酒》一文中，记述了抗战期间，他在重庆郊外沙坪坝自建的抗战小屋里，晚酌"渝酒"，即重庆人仿制的黄酒。他写道："吃酒是为兴味，为享乐，不是求其速醉。譬如二三人情投意合，促膝谈心，倘添上各人一杯黄酒在手，话兴一定更浓。吃到三杯，心窗洞开，真情挚语，娓娓而来。古人所谓'酒三昧'，即在于此。"每日的晚酌，是一天辛劳的慰劳，又是家庭聚会的助兴品。晚餐是一天的大团圆，读书的、办公的孩子都回来了，访客也不再光临，可以从容地喝点酒，享受美好的时光。

在《吃酒》卄篇中，作者申明："酒，应该说饮，或者喝。然而我们南方人都叫吃。古诗中有'吃茶'，那么酒也不妨称吃。"

丰子恺先生曾傃居西湖招贤寺隔壁的小平屋。友人送他一副对联："居邻葛岭招贤寺，门对孤山放鹤亭。"他曾目睹一中年男子，钓了三四只大虾，用作小酒的佐食，生活极为潇洒。

《湖畔夜饮》写道，在湖畔家居的小屋中，女仆端上一壶酒，四个盘子：酱鸭、酱肉、皮蛋、花生米。开怀畅饮，对面墙上，撰书了苏步青的诗："草草杯盘共一饮，莫因柴米话辛酸。春风已绿门前草，且耐余寒放眼看。"一边饮酒，一边品诗，滋味尤为纯正。

作为浙江人，丰子恺当然对家乡出产的绍兴黄酒特别钟爱。他在文中幽默地写道："巴拿马赛会的裁判员倘换了我，一定把一等奖给绍兴黄酒。"绍兴黄酒中的"女儿红"，是驰大江南北的名牌，保留年数愈长，愈好喝，酒味绵长，芬芳扑鼻，颇令饮者喜爱。

朱自清著文《论吃饭》

朱自清（1898—1948），原名自华，字佩弦，号秋实。生于江苏东海，因祖父、父亲定居扬州，故自称扬州人。1920年毕业于北京大学哲学系。毕业后，在江苏、浙江的中学任教。1923年发表长诗《毁灭》，在当时诗坛影响很大。1924年出版诗文集《踪迹》。1925年任清华大学教授，创作转至散文。1928年出版散文集《背影》。1927年大革命失败后，致力国学研究。1931年留学英伦，漫游欧陆。1932年回国，继续在清华任教，并任中国文学系主任。抗战时，随校南迁，任西南联大教授。1948年抗议美帝扶日，在拒领美援面粉声明上签字。1948年8月12日病逝。一生经历了学者、作家、民主战士三阶段，著作有二十余种，近二百万字。

朱自清为杰出的散文作家。《论吃饭》为其所撰的一篇随笔。文章一开始，作者便引用了古人的两句话，一是《管子·牧民》中的"衣食足则知荣辱"。还有一句则是汉代郦食其所说的"民以食为天"。这些都从现实生活中认识到了民食的本质。

还有，告子说："食色，性也。"《礼记·礼运》也说到"饮食男女，人之大欲存焉"。这是从人生哲学上肯定了食是生活的基本要求之一。

朱自清先生指出：民众，尤其是农民，大多数是听天由命安分守己的，他们惯于忍饥挨饿，几千年来都如此。除非到了最后关头，他们是不会行动的。他们到别处就食，抢米，吃大户，甚至于造反，都是被逼得无路可走才如此。

"抗战胜利后的中国，想不到吃饭更难，没饭吃的也更多了。""吃不饱甚至没饭吃，什么礼义什么文化都说不上。""于是学生写出'饥饿事大，读书事小'的标语，工人喊出'我们要吃饭'的口号。这是我们历史上第一回人民公开地承认了吃饭第一。""人情加上人权，这集体的行动是压不下也打不散的，直到大家有饭吃的那一天。"

作为学者，朱自清对抗战胜利后老百姓没饭吃的社会现实极为不满，认为这是"人情加人权"的集体行动，这种公民的集体行动，是打不垮、压不散的，直到有饭吃的那一天。

老舍的平民情怀

老舍（1899—1966），原名舒庆春，字舍予，北京人。是我国现代文学史上一位成绩斐然的优秀作家，小说、戏剧、散文、曲艺，均多涉猎，并留下一批享誉文坛的名篇，如小说《骆驼祥子》、话剧《茶馆》等。

一、出身贫寒　生活低调

老舍出生在北京一个城市贫民的家庭里，幼年丧父，由母亲含辛茹苦抚养长大，他体察寡母付出的辛劳，中师毕业即教书养家。

有位英籍教授见他勤奋好学，遂介绍他至英伦教书。他将大部分薪金寄给老母，自己则十分克俭。一有时间便在图书馆阅读，开始在三便士练习本上写小说，这便是他揭露中国学界黑暗的第一部长篇《老张的哲学》。

有一次，与作家许地山交谈，随意念了所写的两段，许地山连声赞美，要他寄往国内，很快在《小说月报》上刊发。此后，连续发表了《赵子曰》《二马》。他的作品在嬉笑怒骂的笔墨背后，表现了强烈的正义感和对祖国的爱。

贫寒的家庭，使他从小养成了朴实节俭的生活习惯。他为人低调，对生活仅满足于一般要求。

二、追求美好　饮食随意

"从一朵花中看见天堂"。花朵是美好的象征，盛开的鲜花，是人们喜爱观赏的对象。老舍追求美好，热爱祥和，自然十分喜爱花儿。如果鲜花与美食两样，要他任选一样，老舍肯定选的是鲜花。种花、养花、观花，是老舍生活的一部分。

在日常生活中，老舍饮食十分随意，没有太多的要求。当然，几个朋友聚在一起，做几样可口的菜，他也十分乐意。

抗战期间，中秋时节，他到昆明乡下儿泉村，儿人文科研究所在此。他出点钱，与研究所学员们一起过节。吴晓铃先生掌灶，大家帮忙，居然做了不少可口的菜，一边就餐，一边在院中赏月，其乐融融。

老舍对家乡食品十分喜爱。在他撰述的《北京的春节》中，详细记下了腊八粥。这种粥由各种米、各种豆、各种干果熬成，老舍认为："这不是粥，而是小型的农业展览会。"

老舍对花生情有独钟，他写道："我是个谦卑的人。但是，口袋里装上四个铜板的落花生，一边走一边吃，我开始觉得比秦始皇还骄傲。"

花生种类颇多，"大花生，小花生，大花生米，小花生米，糖馇的，炒的，煮的，炸的，各有各的风味，而都好吃"。

老舍经常动笔，动笔须运思，运思好品茶。作为文人的老舍，自然好喝好茶。他承认："我是地道中国人，咖啡、蔻蔻、汽水、啤酒，皆非所喜，而独喜茶。有一杯好茶，我便能万物静观皆自得……茶之温柔，雅洁，轻轻地刺激，淡淡地相依。"作家老舍一刻也离不开清茶。

老舍是个热情好客的人，每年两次邀文联的同事到他家聚会，一次为菊花盛开之时，到他家赏菊；一次为他的生日，为他庆生。菜是地道的北京味，但很有特色。他亲手烹饪的一道汤菜，叫芝麻酱炖黄花鱼，黄花鱼极其新鲜，大小均在八寸左右，装在一个瓷盎子里，既美观，又可口，大家十分赞赏。

俞平伯及其《略谈杭州北京的饮食》

俞平伯（1900—1990），原名铭衡。浙江德清人。1919年毕业于北京大学预科。早年积极参加新文学运动，参加过新潮社、文学研究会，是新文学运动初期的重要诗人。1922年与朱自清创办《诗》月刊。建国前，曾在上海大学、燕京大学、北京大学、清华大学任教。1949年后，任北京大学教授、中国科学院哲学社会科学部文学研究所研究员。主要作品有：新诗集《冬夜》《西还》《忆》；旧体诗集《古槐书屋词》《遥夜闺思引》；散文集《燕知草》《杂拌儿》《杂拌儿之二》《燕郊集》；评论集《红楼梦辨》《读词偶得》《清真词释》等。

《略谈杭州北京的饮食》是俞平伯谈食的一篇随笔。他说："不懂烧菜，我只会吃"，应《中国烹饪》杂志索稿，就以过去诗词中杭州、北京的有关饮食内容为中心，加以回顾与描述。

于20世纪20年代，俞平伯有《古槐书屋词·双调望江南》三章，其三如下：

西湖忆，三忆酒边鸥。楼上酒招堤上柳，柳丝风约水明楼，风紧柳花稠。

鱼羹美，佳话昔年留。泼醋烹鲜全带冰，乳莼新翠不须油。芳指动纤柔。

词的上片写环境，昔日楼外楼，楼上酒招，堤上丝柳，风光无限。

下片写吃食。宋嫂鱼羹，泼醋烹鲜，皆西湖美食。莼鲈齐名，词中"乳莼新翠不须油"，"乳莼"言其滑腻，"新翠"言其秀色，"不须油"谓其清汤，人间上等佳品。

以上均为词中歌咏之西湖佳肴。

1952年在其《未名之谣》中，亦记有杭州饮食、北京餐馆之事。

先说杭州，有一首歌行体小诗：

湖滨酒座擅烹鱼，宁似钱塘五嫂无？
盛暑凌晨羊汤饭，职家风味思行都。

诗中写到"羊汤饭"，食材取自羊身，白煮为多，汤淡而味美。

有关北京的一诗：

杨柳旗亭堪系马，却典春衣无顾藉。

南烹江腐又潘鱼，川闽肴蒸兼貊炙。

　　北京乃历代都城，故多四方的市肆。在京中，可尝到各地名菜。"南烹"指南方烹调。"潘鱼"，传自福建潘耀如，以香菇、虾米、笋干作汤川鱼，其味清美。川馆之四川菜，重麻辣，有回锅肉、麻婆豆腐等特色菜。闽庖善治海鲜，口味淡美，名菜颇多。"貊炙"狭义指"北方外族的烤肉"，广义指西餐。北京之烤肉，远承毡幕之遗风，直译"貊炙"最为切合。西方之"牛排"，其味香美，烹饪方法与"貊炙"最为相近。《红楼梦》有"吃鹿肉"之描写，与今日烤肉吃法相同，只不过是贵族化的一种饮食方式。

梁实秋驰名文坛的《雅舍谈吃》

梁实秋在我国现当代文学史上，是一位不容忽略的人物。他的散文在现代文坛上是一朵耀眼的奇葩。学者陈漱渝认为："从目前文坛的情况来看，散文园地的耕耘者中，没有人能超过梁实秋的水平。"

一、出身官府，受过良好教育

1903年，梁实秋出生于北京内务部20号一户官宦家庭里。其远祖在河北涉河一带务农，到他的祖父梁芝山才迁至北京，在东城根老君堂安家。其祖父经科举走上仕途，曾在广东做了十余年地方官，官至清四品，后返回北京。住宅拥有三十余间，黑漆的大门上，刻有对联："忠厚传家久，诗书继世长"。

梁实秋之父梁咸照，是他祖父从河北大兴县领养的，曾在北京同文馆习英文，毕业后在京师警察厅任职。其父嗜好读书，对梁实秋影响颇大。梁实秋在回忆中说："先父在世的时候，每次出门回来，必定买回一包包书籍，他喜欢研究的主要是小学，旁及金石之学，积年累月，收集渐多。我少时无形中亦感染了这个嗜好，具有合意的书，则欲购来而后快。"

梁实秋六七岁时，父亲便教他描红摹字。此后，教他学英语，由于打下的良好基础，在高小学习英语时便十分轻松，常受到老师嘉勉。

其母沈舜英，杭州人，生有五子六女，梁实秋排行第四，母亲勤劳善良，教育孩子用餐必须爱惜饭粒，碗里不可留饭粒，更不该将饭粒掉在桌上或地下。

父亲空闲时，给他讲述《聊斋志异》，带他游厂甸，让他扩大眼界，增长见识。

梁实秋生性喜欢自由。小时候，每当下雪日子，便和弟兄们堆雪人、打雪仗，玩得十分开心。

梁实秋小时喜爱看戏，文明茶园是父亲常带他去的地方。梁实秋最爱看的是九阵风演的《百草山》，这是武戏，打斗很多，场面热闹。梁实秋对唱腔亦大有兴趣，或低回、或激越、或高亢、或悠扬，让人如痴如醉，浑身舒畅。

1910年，梁实秋入私立贵族学校陶氏学堂读书。1912年入东城根新鲜胡同公立第三小学读高小。经过三年学习，梁实秋由于聪颖，勤奋好学，成为班上的佼佼者，受到学校的表彰。

1915年夏，梁实秋高小毕业，其父接受朋友建议，让其报考清华学校。

清华学校于1912年建立，实际上是留美预备学校。梁实秋以第一名的优异成绩被录取，分到中等科学习，期限四年，这些学生毕业后大都选往美国深造。

在清华学校学习期间，一个风和日丽的下午，梁启超应邀在该校讲演。他的讲演充分体现了他是一位"有学问，有文采，有热心肠的学者"，激起了梁实秋浓厚的兴趣。自从听了梁启超那次动人的讲演后，梁实秋的学习兴趣逐渐转向了文学。

1921年上半年的一个周末，梁实秋从父亲的书桌上，看到一张红纸条，上面工楷写着"程季淑，安徽绩溪人，年二十岁，一九〇一年二月十七日寅时生"。顿时，梁实秋心有所悟，感到与己定亲有关系。经了解，程季淑是一位女高师本科毕业生，在一所女子职业学校任教，友人打算给他做媒。梁实秋满心欢喜，直接打电话给程季淑，约定见面。几次接触便陷入热恋，情不自禁地作起了爱情诗，如《荷花池畔》《答赠丝帕的女郎》《赠——》和《梦后》等，虽尚嫌稚嫩，却具有单纯和情真的美感。

按清华学校的有关规定，1923年8月梁实秋毕业后，应赴美留学。一个星期后，他与同伴六十多位同学，在上海浦东码头，乘杰克逊总统号前往太平洋彼岸美国。

在同一船中，梁实秋与许地山、冰心、顾一樵等人因都爱好文学，共同办起了《海啸专刊》，每三天出一期。后来，冰心选了十四篇诗文寄给《小说月报》被刊发。其中有梁实秋的三首诗《海哨》《海鸟》《梦》以及译诗《约翰我对不起你》。诗中抒发了作者海上漂泊时眷恋祖国和爱人的感情，艺术上也较为圆熟。

梁实秋在西雅图登岸，乘火车东行抵科罗拉多市，在科罗拉多大学就读，选修《丁尼孙与伯朗宁》《现代英美诗》，并在艺术系旁听美术史课。科罗拉多大学毕业后，1924 年秋，梁实秋进入哈佛大学研究院攻读硕士学位。在哈佛求学期间，与谢文秋同台演出元末高则诚的《琵琶记》，这是他将中国传统文化介绍给西方的一次成功的尝试。

1926 年 7 月，梁实秋结束在美国的学习生活，乘船返国，持梅光迪介绍函，专访胡先骕，由胡先骕引荐给东南大学文学院院长陈逸凡，被聘为东南大学教授，从此开始了大学任教的生涯。

二、勤勉著述，硕果喜人

梁实秋回国后，1927 年 2 月来到北京，与程季淑举行婚礼。此时梁 24 岁，程 26 岁，相恋整整 6 年，终于组成了新家。

婚后，梁实秋携妻来到上海，经友人张禹九介绍，任《时事新报》副刊《春色》主编，对该刊进行了一番改革，旧式文稿一律不用，只用白话文；应酬性的敷衍工作全部排除，使副刊焕然一新。

在上海，他还开办了新月书店，自任总编辑，出版了一批新书，较重要的有：胡适《白话文学史》《四十自述》；徐志摩《志摩的诗》《翡冷翠的夜》《猛虎集》；闻一多《死水》；梁实秋《浪漫的与古典的》《文学的纪律》；潘光旦《小青之分析》《家庭问题论丛》《人文生物学论丛》；陈西滢《西滢闲话》；凌叔华《花之寺》；陈衡哲《小雨点》等。

1928 年 3 月，《新月》创刊号问世。由徐志摩发起，征得胡适、余上沅同意，联络了梁实秋、闻一多、潘光旦等人。取名《新月》，主要是"它那纤弱的一弯分明预示着、怀抱着未来的圆满"。到第二卷第 5 期后，徐志摩退出编辑组，先后由梁实秋、潘光旦任主编。共出了四卷，每卷 12 期，于 1933 年 6 月停刊。

梁实秋一生以文为职业，撰写美文，推介美文。他在《文学的美》中指出："文学中是有美的，而且主要是音乐美、图画美。因为有美所以文学才称是一种艺术，才能与别种艺术息息相通。"

他撰述的散文集《雅舍小品》一经问世，即深受广大读者喜爱。"誉之者盛称篇篇短小精悍，举凡人性百态，顺手拈来，层层剥视，娓娓道来，深刻而又得体，风趣而兼隽永"，"严肃中见幽默，幽默中见文采。"发行达五十余版，创中国散文著作发行的最高纪录。

1930 年 1 月，余上沅撰写了《翻译莎士比亚》一文，介绍日本早稻田大学名誉教授坪内雄藏博士费了四十三年工夫，四易其稿，终将《莎士比亚全集》译成日文的事迹。

有一次，胡适到青岛大学看望朋友，提出组织一个"莎士比亚戏剧全集翻译会"，将莎剧全部翻译到中国。他拟请梁实秋、闻一多、徐志摩、叶公超、陈西滢五人用五至十年时间完成。

后来，徐志摩空难早逝，闻一多热衷古籍研究，陈西滢去欧洲游学，叶公超入了官场。唯有梁实秋一人致力于莎剧翻译，计划五年译两本，一直到1967年，梁氏将莎剧全集译完，出版问世。三年后，又翻译莎氏诗集三部出版问世。这样，梁实秋独自一人将莎士比亚全部作品译成中文，在我国翻译史上留下了辉煌业绩。

三、《雅舍谈吃》深受读者好评

梁实秋是一位散文高手，又是一位美食家，他的《雅舍谈吃》影响深广，是一本谈美食的畅销书。

《雅舍谈吃》有20万字，共分三辑。

第一辑，"味是故乡浓"，是梁实秋对故乡北京饮食的深情回忆，寄托着他对北京的浓厚乡恋。

北平中秋以后，螃蟹正肥，烤羊肉也一同上市，口外的羊肥，少膻味，是北平人主要的食用肉之一。北平的烤羊肉以前门肉市正阳楼最有名。作者说："我在青岛住了四年，想起北平烤羊肉就馋涎欲滴。"

北平的锅烧鸡，用小嫩鸡作食材，俗称"桶子鸡"，疑系"童子鸡"之讹。严辰《忆京都词》中，有一首《忆京都·桶鸡出便宜》写道："衰翁最便宜无齿，制仿金陵突过之。不似此间烹不熟，关西大汉方能嚼。"凸显了诗人对北平桶子鸡的偏爱。

爆双脆，北平山东馆的一道名菜，所谓双脆是鸡胗和羊肚儿。两食材旺火爆炒，炒出来红白相间，样子漂亮，吃在嘴里韧中带脆，耐人咀嚼。

炸丸子，也是京菜中的美食。肉剁得松松细细的，炸得外黄里嫩，入口即酥，一口一个，实在无上美味。

"好吃不过饺子，舒服不过倒着"，这是北方乡下的一句俗语。北方人不论贵贱，都以饺子为美食。年终吃饺子是天经地义。从初一到十五，顿顿吃饺子，乐此不疲。饺子馅各随所好，有人以为猪肉冬瓜馅最好，有人认定羊肉白菜馅为正宗。吃剩的饺子冷藏起来，第二天油锅一炸，炸得焦黄，又是一顿美食。

馄饨，南北各地到处都有，北平致美斋的煎馄饨不同凡响。馄饨皮包得非常俏式，薄薄的皮子挺拔舒翘，入油锅慢火生炸，炸黄后再上小型蒸屉猛蒸片刻，即食。馄饨皮软而微韧，有异趣。

有人说："不能喝豆汁的人，称不得真正的北京人。"每日清晨，到店铺中喝豆汁，成了北京人的习惯。豆汁儿之妙，一在酸，酸中带馊腐的怪味；二在烫，只能吸溜吸溜地喝，不能大口满灌；三在咸菜的辣。越辣越喝，越喝越烫，最后是满头大汗。

北方多栽栗树，盛产板栗，以良乡最有名。每年中秋节过后，大街上几乎每家干果铺门外，都支起大铁锅，挥动大铁铲，翻炒板栗。咸煮水栗子是另一种吃法。在栗子上切十字形裂口，加盐在水里煮。栗子甜滋滋的，加上咸味，别有一种风味。

北京的家常蔬菜也十分可口。烧茄子，北方极普通的家常菜。北方茄子圆球形，稍扁。切成一寸多长的块块，在锅里翻炒，加酱油，取出装盘，上面撒大量蒜末，味极甜美，下饭最宜。

菠菜，唐太宗时来自西域。《唐会要》："太宗时尼波罗国献波棱菜，类红蓝，火熟之，能益食味。"菠菜不但可口，而且富铁质。菠菜食法多种，凉拌菠菜十分爽口，为下酒菜。菠菜还可晒干，储留过冬。

第二辑，"舌尝四海香"。梁实秋是一位美食家，每到一处，遍尝当地佳肴，并写下优美的体验。

吃鸽子的风气以广东最盛，广州的烧烤店常挂着一排排烤鸽子，招引食客品尝。乳鸽小而嫩，连头带脚一起烤熟了端上桌，有人专吃胸脯上的一块肉，有人爱嚼整个小脑袋瓜，香脆而诱人。

糟就是酒滓。《楚辞·渔父》："何不哺其糟而啜其醨？"可见自古以来人们就有食酒糟的烹饪方法。糟鸭片是下酒的好菜。《儒林外史》第十四回，马二先生看见酒店柜台上盛着糟鸭，"没有钱买了吃，喉咙里咽唾沫"。糟蒸鸭肝是山东馆子的拿手菜。选上好鸭肝，大小适度，剔洗干净，以酒糟蒸熟，妙在汤不浑浊而味浓，且色泽鲜美。

醋熘鱼，西湖餐馆中一道名菜。番禺方恒泰《西湖》诗云："小泊湖边五柳居，当筵举网得鲜鱼。味酸最爱银刀鲙，河鲤河魴总不如。"餐馆楼在湖边，凭窗可见巨篓系小舟，篓中畜鱼待烹。鱼长不过尺，重不逾半斤，宰割收拾后沃以沸汤，熟即起锅，勾芡调汁，浇于鱼上，鲜嫩可口。

鳝为我国特产，正写为鳝，鳝为俗字，一名曰䱇。《山海经·北山经》："姑灌之山，湖灌之水出焉，而东流注于海，其中多䱇。"鳝鱼腹作黄色，又名"黄鳝"。北方河南馆中，生炒鳝鱼丝，颇有特色。鳝鱼切丝，一两寸长，猪油旺火爆炒，加进少许芫荽、盐。炒出的鳝鱼，肉是白色的，微有脆味，极可口，不失鳝鱼本味。

浙江《东阳县志》："熏蹄，俗谓火腿，其实烟熏，非火也。腌晒熏将如法者，果胜常品。"金华在东阳附近，制火腿名传南北。金华火腿成了餐馆做菜的上等配料。

七尖八团，七月里吃尖脐（雄蟹），八月里吃团脐（雌蟹）。那时，正是蟹肥季节。蟹是人间美味，无问南北，人人喜爱。《晋书·毕卓传》："右手持酒杯，左手持蟹螯，拍浮酒船中，便足了一生矣!"古人将饮酒品蟹视为人生快事。

中国人好吃竹笋。《诗经·大雅·韩奕》:"其蔌维何,维笋及蒲。"可见自古以来,视竹笋为上好之蔬菜。《唐书·百官志》:"司竹监掌植竹苇,岁以笋供尚食。"唐代设专员管理植竹。宋代苏轼有"好竹连山觉笋香"的诗句,他还写下"无竹令人俗,无肉使人瘦,若要不俗也不瘦,餐餐笋煮肉"。直抒对竹笋的挚爱。

莲子,即莲实。《古乐府·子夜夏歌》:"乘月采芙蓉,夜夜得莲子。"酒席上,端上一碗莲子羹,清美去腻,清爽可口。

席终一道甜食八宝饭,广受欢迎。八宝饭主要用糯米,越烂越好,莲子不可少,桂圆肉不可或缺,葡萄干、白果、红枣亦少量取用。豆沙一大碗,须事先备好。反复蒸透,拌上一点猪油,即可食,甜而爽口,令人喜爱。

第三辑,"吃中有真意",有谈"吃相",评"请客",畅叙"粽子节"等;还有"由熊掌说起""萝卜汤的启示""记日本之饮食店""吃在美国"等。本节还对《中国吃》《烹调原理》《媛姗食谱》《饮膳正要》等几本谈餐饮的专著,作了简明而中肯的评价。

总而言之,梁实秋的《雅舍谈吃》是一本谈论美食的不可多得的专著。读之,既可丰富读者的餐饮知识,又可提升读者的生活趣味,值得常置案头一读。

朱湘力倡"咬菜根"精神

朱湘，一位对中国新诗的开拓与发展产生过重要影响的新诗人。在他死后，鲁迅称他为"中国的济慈"。

朱湘出生于官宦家庭，其父朱延熙，曾任湖南学政，后迁两湖盐运使。1904年在湖南沅陵任内，诗人诞生，取名湘，字子沅。

朱湘自幼天资聪颖，七岁学写作文，颇富文才。十一岁在家乡读小学，十三岁随长兄在南京第四师范附小就读，十五岁考入南京工业学校预科，一年后，受新文化运动影响，赴京报考清华大学。1920年，时年十六岁，进入清华。1922年，十八岁，开始在沈雁冰主编的《小说月报》发表新诗，作品晓畅清丽，引起文坛关注。1927年，公派赴美留学。留学期间深感"像一只失群的孤雁"，于是提前回国。回国后，经好友饶孟侃劝说，在家乡安徽大学英国文学系任教授、系主任。因校方擅自将系名改为英文系，引起朱湘强烈不满，遂愤然离开安大。从此居无定所，生活极度艰难。1933年12月5日，朱湘乘上上海开往南京的吉和号大轮，船行至采石矶时，突然跃进江中，一代文学奇才，就此结束了二十九岁的生命。

朱湘多才多艺，不仅热衷于新诗创作，散文也写得别有风味。

《咬菜根》，朱湘所撰的一篇篇幅不长的随笔。文章一开头便写道："'咬得菜根，百事可作'这句成语，便是我们祖先留传下来，教我们不要怕吃苦的意思。"

"还记得少年的时候，立志要做一个轰轰烈烈的英雄，当时不知在哪本书内发现了这句格言，于是拿起案头的笔，将它恭楷抄出，粘在书桌右方的墙上。"

萝卜、白薯是一种菜根，山药、茨菇也是菜根。朱湘都爱食。"如果咬菜根能算得艰苦卓绝，那我简直可以算得艰苦卓绝中最艰苦卓绝的人了。因为我不单能咬白薯，并且能咬这白薯的皮。"

"我并非一个主张素食的人，但是却不反对咬菜根。据西方的植物学者的调查，中国人吃的菜蔬有六百种，比他们多六倍。我宁可这六百种的菜根，种种都咬到，都不肯咬一咬那名扬四海的猪尾或是那摇来乞怜的狗尾，或是那长了疮脓血也不多的耗子尾巴。"

朱湘极力倡导的这种"咬菜根"精神，正是中华民族艰苦奋斗、拼搏向上的民族精神。它是实现民族振兴的强大精神力量，理应发扬光大。

朱湘辞世已有九十周年，岁月长逝，他力倡的这种"咬菜根"精神，依然历久弥新。今日读这篇短文，仍备受教益。

唐鲁孙谈吃的美文

著名学者梁实秋读了唐鲁孙的文集《中国吃》后，写文章说："中国人馋，也许北京人比较起来更馋。"唐鲁孙回应说："在下忝为中国人，又是土生土长的北京人，可以够得上馋中之馋了。"唐鲁孙是一位大馋人，即人们常说的"吃货"。他吃遍中华大地的南北东西，写下了一篇又一篇谈食散文。

唐鲁孙，本名葆森，字鲁孙。1908年生于北京，1985年病逝于台湾。满族镶红旗后裔，珍妃、瑾妃侄孙。民国时期曾任职财税机构，后只身外出谋生，足迹大江南北，先后客居武汉、上海、泰州、扬州等地。见多识广，对民俗掌故知之甚详。因出身贵胄，亲历皇家生活，又遍尝各地风味，对饮食见解独到，又记性颇佳，回忆起各种美食，如数家珍，被誉为"中华谈吃第一人"。

唐鲁孙早年生活于京华，对京城餐饮美食，怀有深厚乡情。

"东来顺"，北京名菜馆，其中"炸假尾巴"是其拿手名菜。将蛋白打得起泡，裹上细豆沙，薄薄滚上一层飞罗面，炸起来活像羊尾，是一道十分别致的甜食。

"西来顺"的"鸡肉馄饨"，也是一绝。鸡肉一定要选活肉，做出的馅子才润滑适合，皮一定是擀出来的，厚薄适度，包出的馄饨才鲜美可口。著名老生马连良消夜总离不开"西来顺"的"鸡肉馄饨"。

北京的流行点心是萨其马。面粉用奶油白糖揉到一块，搓成细条，切成一分多长，过油，再黏起来，撒上瓜子仁、青红丝，一方一方，切开来吃。有一种馨逸的乳香味，黏而不粘牙，拿在手里，不散不碎。

北京还有一种点心叫薄脆，有三号碗大小，面上沾满芝麻，中间还点上一个小红点，酥不太甜，薄薄一片，一碰易碎。著名须生言菊朋喝豆浆，不放糖，拿两块椒盐薄脆泡在豆浆里，有说不出的美味。

燕京梨园名角，饮食上各有所好。马连良爱食两益轩炸烹虾段，每当对虾盛产，必邀朋同往，大嚼一顿。姜妙香，偏爱水爆肚一味。羊肚应现用水爆，手艺优劣，即在此一余。时间稍过，即难以嚼烂。火候不足，则又咬不动。梅兰芳生于江苏泰县梅家堰，偏于南方口味，每至餐馆，必点鸭油炒豌豆苗。豆苗选用嫩尖，翠绿一盘，腴润而不见油，入口清醇香嫩，可为蔬食隽品。名武丑王长林最爱吃臭豆腐，谁家所制，发酵到家，味正而纯，到嘴一试，便能尝出。

北京同和堂的天梯鸭掌，是该店的头菜。鸭掌卸下后，用清水泡一天，顺纹路撕下掌上薄膜，用黄酒泡起来，待鸭掌泡涨，鼓得像婴儿手指一般，取出主骨附筋，用中腰封肥瘦各半火腿，切成二分厚的片，一片火腿加一只鸭掌，一起用海带丝扎起来，文火蒸透。腊豕清香，其味可口。

北京还有一道不起眼的甜食，名为三不粘，可算是真正的北京吃食。这一甜食的食材为糯米粉、鸡蛋白、猪油、白糖、少许桂花卤子。分量如何调配，火候如何把握，大有诀窍。做出的食品一不粘筷子，二不粘碟子，三不粘牙齿，故名"三不粘"。此名为李鸿章快婿张佩纶所取。

我国幅员广阔，山川交横，风土、人情口味均有极大不同，因而形成各地各富特色的美食。

唐鲁孙走南串北，足迹遍布各地，对各地美食尽情品尝，写下了自己食后的生动体验。

广东的明炉乳猪，是具有地方特色的名菜。新娘出嫁，第二天婆家锣鼓喧天给亲家送上整只乳猪。贵宾光临，主人必以乳猪作头菜款待。乳猪的标准为十二斤。杀好的子猪约十斤。在一避风处，生起炭火，将子猪穿在有辘轳的铁架上，慢慢转动烧烤，同时一遍又一遍地将油料涂匀。烤成之时，皮呈沉色若金，迸焦酥脆，内则肥羜味美，蘸着海鲜酱吃，别是一番滋味。

南京马祥兴的"美人肝""凤尾虾""松鼠鱼"，是三道颇受食客赞美的名菜。

"美人肝"，原材料为鸭子胰肝，用武火炝炒，琼瑶香脆，食不留渣，让人诧为美味。

"凤尾虾"，取材于河虾，剥去头壳，留半截虾尾，清炒之后，每只虾蜷曲成环，一半晶莹剔透，一半金光闪烁，似如凤尾，故名之。

"松鼠鱼"，选用大黄鱼，将鱼肉横切，连而不断，裹一道稀黄粉，用油炸成金黄，酥且松，淋上糖醋姜末，其味鲜美。

以大菜来看，云南的汽锅鸡是别具风味的。汽锅是陶土烧制的，其特点是锅口的严密，绝不漏气，且久烧不裂。鸡放入锅中，完全靠水蒸气蒸熟，汤清味正，郁香鲜美。

还有一道酒饭两宜的小菜，叫干巴牛肉。选上好牛肉，用秋抽、黄酒腌两天晒干。当然，下作料、腌晒都是有窍门的。吃时切薄片油炸，爱吃酸甜的，加糖醋勾汁。

洛阳人，早点讲究吃甜牛肉就油旋。甜牛肉是清炖牛肉，不放任何佐料，吃起来误会放了糖，故称甜牛肉。油旋又称"一窝酥"。洛阳人烙薄饼，干湿软硬均拿捏得恰到好处，薄饼讲究"三翻一吹"。用擀面杖将面擀成直径两尺大小，往铛上一摊，翻三次加上一吹，饼就熟得蹦起来。小碗中肥瘦适中的红烧牛肉，不油不腻，夹两块卷在饼里，一边吃，一边吸，让牛肉汁不流出来。

安徽巢湖盛产小银鱼，最长也只有两寸左右，多数为一寸余。肉厚而细嫩，中间只有一条软骨。当地人叫它面鱼。用面拖了下锅一炸，是下酒的隽品。骨酥肉嫩，可口受用。

桂林山水甲天下，是人人皆知的，可是桂林的美食马肉米粉，知道的人就不多了。桂林的米粉好吃，完全得力于优质大米，当地水质好，种植的稻子，粒粒圆润，而且洁白。马肉选菜马后腿的精肉，肉香且细嫩，切成薄片，甘鲜沉郁，入口即溶，馨香味美。

台湾新竹的贡丸，纯粹由上等精肉制成，可与竹荪相配，做成竹荪贡丸汤。天气转凉时，无论吃涮锅子或打边锅，放入几粒贡丸同煮，爽脆适口，为不可多得之佳肴。

无锡人讲究粗鳗细鳝。脆鳝面则是无锡的一绝。先将鳝鱼在盐、酒、酱油中浸泡三小时，然后滤干，入滚油快炸，微见焦黄，浇入加糖酱油，使卤汁悉数被鳝鱼吸收，然后放汤大煮下面，现做现吃。汤之多少要适中，汤多鱼鲜不足；汤少卤面成糊；中汤味足，方为上品。

三原被称作"陕西的苏州"，其菜肴亦别有风味。"海尔髈"即"冰糖肘子"，烂如泥，入口即化。搅瓜鱼翅，一味素菜。将搅瓜擦成细丝，素菜荤烧，再一勾芡，谁也不敢说不是鱼翅。"白凤肉"，用花椒、盐水焖烂，很像镇江的肴肉，拿来夹马蹄饼吃，肥而不腻，颇可解馋。

四川的泡菜，宜饭宜粥的可口小菜。泡菜好吃得益于菜坛子。虽为粗陶制品，但十分讲究。腌泡菜的坛沿儿，一定要深浅合度，坛子上的盖碗要严密合缝，不能走气。泡菜时，天天要看坛沿儿里的水的深浅，一见水分不足，立即加水。坛子用得越久，泡出的泡菜味道越醇厚。

押运食盐的运输中，唐鲁孙曾逗留安徽安庆，特地著文介绍安庆胡玉美酿造的豆瓣酱。文中写道："一律选没疤没瘢的蚕豆，首先将蚕豆晒得透干，然后去皮磨碎，裹以面粉蒸熟，让它自然发酵，然后加入辣椒酿制而成。"胡玉美酱坊还出产虾子豆腐乳，亦为啜粥隽品。"胡玉美的虾子腐乳，长不逾寸，撒满柔红虾子，外面裹以苇叶，在色泽方面已属上乘，吃到嘴里更为珍洁鲜美。胡玉美在每年奉天蒜苗上市的时候，并有酱蒜苗应市，拿来蒸蛋，宜酒宜饭。"

唐鲁孙，自称"馋家"，他对美食情有独钟，遍食各地佳肴，写下了一篇篇介绍美食的散文。对丰富中华美食史，作出了有益的奉献。这也是美食家的文化付出。

王家卫曾谈道："唐鲁孙先生用他一生的际遇，写出了人生中种种的回不去，却成就了一席民间盛宴，一部有滋味的民间史。"确实如此，作者生动的美食文字，让广大读者亲历了一席难以忘怀的美食盛宴。

戈宝权与家乡味

戈宝权（1913—2000），江苏东台人，著名外国文学研究家、翻译家，是新中国成立后派往国外的第一位外交官。曾用葆荃、北辰等笔名。1932年肄业于上海大厦大学。在大学学习期间，翻译过托尔斯泰的短篇小说《上帝看出真情，但不马上讲出来》，成为丽娃河畔俄语文学翻译第一人。此外，还曾翻译过高尔基散文诗《海燕之歌》，普希金名篇《假如生活欺骗了你》，童话《渔夫和金鱼的故事》。1947年戈宝权翻译出版了第一部译文集《普希金诗集》，将"俄罗斯诗歌的太阳"普希金介绍给中国读者。戈宝权本人具有得天独厚的条件，在大厦大学求学期间，学习过英语、法语、日语、世界语及俄语，这一优势能让他了解同一作品的多种译本，借鉴不同语种的版本，翻译作品。

1986年，戈宝权将两万余册藏书，捐赠南京图书馆。

戈宝权先生怀有浓郁的乡恋之情。在他所撰《回忆家乡味》这篇随笔中，记述了对江苏的家乡味和土特产的特殊偏爱。文中写道："我国的烹饪素有悠久的传统和历史，每个省市都以自己特有的名菜闻名，而且又是驰名中外的。来到首都北京的人，都要到全聚德吃一顿北京烤鸭，或是到东来顺吃一次涮羊肉。到南国的广州去，都要到蛇餐馆去试一试蛇肉和蛇羹……到川西的成都，你会到成都餐厅或是芙蓉餐厅去，吃那些又麻又辣的川菜……你路经武汉三镇时，你总想到东湖去吃一次有名的武昌鱼。你要是来到'上有天堂，下有苏杭'的两个名城，在苏州观前街的松鹤楼，你可以吃到松鼠鳜鱼、清炒蟹粉、三虾豆腐；在杭州西湖边的楼外楼，你可以吃到西湖醋鱼、叫花鸡、莼菜汤……访问新疆天山南北各地时，每处地方都可以吃到抓饭、烤羊肉串，还有那刚出炉的馕（饼）；到了东北的吉林市，还可以到朝鲜饭馆去吃有名的凉面。总之一句话，像这样的一个名菜谱是开列不尽的。"

然而，每个人都有生育他的家乡，都喜爱其家乡的美食。

戈宝权是江苏人，每次乘京沪线，进入江苏境内，就可尝到家乡风味的特产。在符离集，可以买一只烧鸡。到了南京，可以买一只板鸭或盐水鸭。路经镇江，可以买一包肴肉或一瓶香醋。到了无锡，可以买一盒肉骨头或是一篓笼油面筋。到了苏州，可以买点采芝斋香水瓜子、粽子糖。到了南京可以到秦淮河边夫子庙一带，吃点小吃，叫一碟板鸭，要一碗煮干丝和一小笼汤包。苏北地方风味的土特产也很多，高邮鸭蛋、伍佑泥螺、徐州油炸徽子、淮安茶徽、黄桥烧饼、白蒲茶干、南通脆饼、苔条饼，真是各具特色，美不胜收。

戈宝权的家乡苏北东台县，并不是以吃闻名的小县城，但家乡的风味令他难忘，餐馆中用鲫鱼做成的白如奶汁的鱼汤面，加上几个碟子脆鱼，用油炸成黑色的黄鳝，烫青蒜、肴肉、松花蛋，还可以叫一碗煮干丝、一小笼汤包，可以美美地吃上一顿。

东台靠海，又是鱼米之乡，海产和鱼虾都很丰富，可以将虾肉挤出，炒虾仁，剩下的虾脑可做虾脑豆腐，其味鲜美。春季里，能吃到夜潮春鱼（即黄花鱼）、鲜竹蛏，用荠菜包春卷。夏季里，能吃到白虾、银鱼，用荷叶包粉蒸肉。秋季里，能吃到河蟹、炒蟹粉、蟹粉狮子头。冬季里，能吃到用清汤做成的冻羊羔、味道香甜的"南边青菜"。

家乡的点心也令人难忘，有芝麻做的烧饼，有名叫"虾池"的油饼，油饼上插着一只手指粗的大虾。每次都先吃完油饼，再吃那炸成红色的大虾，颇有兴味。

"家乡味"寄托着浓浓的乡味和乡愁，是终生都难以忘却的。

陈荒煤描述《家乡情与家乡味》

陈荒煤（1913—1996），原名陈光美，湖北襄阳人。1927年加入中国共产主义青年团。1928年在汉口湖北省立二中商业专科学习。1932年参加革命文艺活动，同年在上海加入中国共产党。1934年，在《文学季刊》发表第一篇小说《苦难中的人群》，不久参加"左联"。1938年到鲁迅艺术学院戏剧系、文学系任教。1946年，在晋冀鲁豫边区文联、北方大学文艺研究室工作，主编《北方文化》。1949年后，曾任中南军区文化部长、中央文化部电影局局长、文化部副部长等职。

陈荒煤是湖北人，虽在家乡居住时间不长，总共不过八个年头，但总有一种"怀乡病"，怀有一种无法排遣的家乡情。

"家乡情和家乡味是不可分的。""家乡风味的食物，既可以饱腹，也可清除怀乡症。"

家里做的几样菜，很难在饭店吃到，都令陈荒煤十分喜爱。

一是"蓑衣丸子"。新鲜糯米上市时，选三分瘦一分肥的猪肉，剁得细细的，掺一点荸荠、小葱花，以荷叶垫底，温火烹熟。吃起来清香可口。

再一个是炸藕夹。新藕上市时，选一节最粗最圆的藕，切成薄薄的藕片，在藕眼里填上精细的鲜肉泥，裹上一层蛋清面浆，用香油炸熟吃，吃起来又香又脆。

还有一种不能登大雅之堂的野菜，叫马齿苋，又叫长寿菜。把它采来洗净晒干，用来做米粉肉的垫底。有时也可以做成咸肉或鲜肉包子。

还有一种特殊的吃法。豌豆刚上市，颗粒饱满而清澈。用四分之三新米，四分之一糯米，焖饭。饭快熟时，用火腿丁、鲜肉丁，也可放上鲜虾仁、葱花、黑木耳，拌着豌豆，盖在饭面上，撒上一点椒盐、香油。待饭焖熟了，闻到了香味，即可取食，其味鲜美。

后来他远离家乡，尝到的家乡美味屈指可数，可是，家乡风味留在他记忆中的家乡情，那是永远数不清，道不尽的。他说：尽管我并不是什么美食家，但家乡风味在我印象中总是首屈一指。无论走到天南地北，我都不会忘却家乡的风味。

王世襄与吃的学问

王世襄（1914—2009），字畅安。祖籍福州，生于北京。著名收藏家、鉴赏家、学者。对明清家具有深入研究。对民间的"雕虫小技颇感兴趣，并使这些雕虫小技走上了大雅之堂。"他能玩，还能写，著有《锦灰堆》，颇受世人好评。他玩出了文化，玩出了"世纪绝学"，被誉为"京城第一大玩家"。由于成果卓著，他还荣获荷兰克劳斯亲王最高荣誉奖。另外，还曾任文化部文物局中国文物研究所研究员。

"吃、喝、玩、乐"，互为关联，会玩的人大多懂得吃，在吃的方面下过一番功夫。王世襄同样精通厨艺，写过不少谈美食的佳作。

王世襄推崇饮食文化，注重饮食环境、饮食氛围。在《饭馆对联》一文中，介绍了他自1980年给饭馆写的三副对联：一是美术馆附近的悦宾："悦我皆因风味好，宾归端赖色颜和。"二是天津古文化街的得月楼："听钟犹忆寒山寺，品馔今夸得月楼。"三是同和居新楼开业："同味齐称甘旨，和羹善用盐梅。"

1986年后，又撰了数联，如无锡馆新苑酒家："梅芳艇系鼋头渚，姜嫩丝堆鳝脆盘"；福州馆华腾酒家："华筵美酿倾千石，腾馥嘉肴出八闽"；悦宾分号悦仙小馆："举杯皆喜悦，到此即神仙"；香港功德林素食馆："不上梧枝栖翠柳，巧烹黍穗作银丝"。

王世襄喜爱饮食中的历史掌故，他在《许地山饼与常三小馆》一文中，介绍当年燕京大学东门外，有家小馆，掌柜的叫常三，会做"许地山饼"。这许饼确实是许地山先生从印度学来的，再传授给常三，成为该餐馆食单上的保留节目。

王世襄对菌类食物颇有好感。在《春菰秋蕈总关情》一文中，引用了宋代王彦章的食蕈诗"戢戢寸玉嫩，累累万钉繁。中涵烟霞气，外绝沙土痕。下箸极隽永，加餐亦平温"。"蕈"通"菌"，或称蘑菰，亦可写作蘑菇，其味确实隽永，且富营养，是厨蔬无上佳品。云南盛产各种蘑菇，其中最名贵的是鸡枞和松耳。鸡枞、松耳除用上汤炖煮或入砂锅与鸡块配佐外，一般用肉片或鸡片加辣椒烹炒。

在《鳜鱼宴》一文中，谈到用香糟制作糟熘鱼片。鳜鱼软滑，到嘴即融，香糟祛其腥而益其鲜，堪称色、香、味三绝。还有一味，糟煨茭白或冬笋，一啜到口，芳溢齿颊，信是无上逸品。

萨其玛，北京有名的一种糕点，用鸡蛋、油脂和面，细切后油炸，再用饴糖、蜂蜜搅拌沁透制成。柔软香甜，入口即化，颇受众人享用。王世襄在《饽饽铺·萨其玛》中，对这种北京特色糕点有详细的介绍。

山鸡，又称野鸡、雉鸡。袁子才《随园食单》中提到六种食法：用网油包在铁具上烤，切片炒，切丁炒，整只煨，油炸后拆丝凉拌，火锅涮。

1956年冬，他出差至屯溪，见到金黄色皮壳的冬笋，又碰上卖山鸡的老乡，一齐买下，让饭摊老板炒了冬笋山鸡片，吃了一顿美味。

王世襄是北京人，从小爱吃豆苗。豆苗是菜肴羹汤的极好配料。滑熘里脊、汆小丸子、汆生鸡片、榨菜肉丝汤、鸡汤馄饨等，碗里漂上几根豆苗，不仅颜色俏丽，而且清香扑鼻，汤味更鲜，增色不少。

北京到隆冬季节，天寒地冻，胡同里会传来卖辣菜的吆喝声。辣菜用料为荠菜头或蔓菁。盛上一碗，加些酱油、醋、白糖，滴几滴香油，吃起来别有风味。

鲍鱼，一种软体动物，似蛤蜊而只半边有壳，吸着在海内崖石上，壳名石决明，一味常用的明目补肝药。我国食用鲍鱼历史悠久，至迟在汉代起已因味美而见珍。《汉书·王莽传》载王莽事将败，愁得吃不下饭，但还是饮酒啖鲍鱼。

王世襄是位大饕，不但会食，还能亲自下厨，做出可口的佳肴。他在《答汪曾祺先生》中，列举了自己拿手的美食：一、糟煨冬笋；二、炖牛舌；三、油浸鲜蘑；四、锅塌豆腐；五、酿柿子椒；六、清蒸草鱼；七、海米烧大葱。他称自己做的菜为"杂和菜"，其实，不拘一格，别有风味。

王世襄博古通今，注意从古籍中收集烹饪的有关内容。他在《砍脍书》一文中谈到明代李日华《紫桃轩杂缀》记述玩家祝翁晚年虽一贫如洗，家中却藏有一本唐代烹调专著《砍脍书》。十分可惜《砍脍书》到明代晚期已失传，幸经李日华记述，我们尚可知道此书的大概内容。全书共五篇，第一篇讲菜刀和砧板的制作；第二篇讲选材；第三篇讲刀工；第四篇讲酱醋等作料的使用；第五篇讲烹调技巧与火候。

王世襄是位土生土长的北京人，对京城菜肴十分了解，也深为钟爱。北京为历史悠久的大都，全国各大菜系纷纷进京，占有一席之地。

山东为齐鲁之邦，中华文化重要发源地之一。直至明代，山东菜已成为北方菜系的杰出代表。山东菜可分胶东和济南两大流派，亦称为"东派"与"西派"。东派擅长爆、炸、扒、熘、蒸，突出本味，偏于清淡。西派以汤味百鲜之源，爆、炒、烧、燻、炸乃其所长，在清、鲜、脆、嫩之外兼有浓厚之味。

清真菜在北京菜中占有相当大的比重。元末刊行的《居家必用事类全集》是一部家庭日用手册，在《庚集·饮食类》辟有《田日食品》一目，说明穆斯林饮食在一般家庭中已相当普遍。清真菜中的涮羊肉至少已有四百多年的历史。明松江人宋文夫著《竹屿山房杂部》，在其《养生部》中讲到《生爨羊》：

"视横理薄切片，用酒、酱、花椒沃片时，投宽猛火汤中速起。"可见古代已要求涮羊肉成横丝薄片，水要宽汤而大开，并采用酒、酱、花椒等调料。烤肉与涮肉，可谓异曲同工。其始甚古，《礼记·内则》已讲到"牛炙"和"羊炙"。烧羊肉亦有盛名。道光时文人杨静亭《都门杂咏》中有一绝句："煨羊肥嫩数京中，酱用清汤色煮红。日午烧来焦且烂，喜无膻味腻喉咙。"烧羊肉经过吊汤、紧肉、码肉、煮肉、煨肉数道工序，最后才是炸肉，故味厚味重，十分可口。

宫廷菜，指从清代宫廷中传出的菜肴。京城有两家宫廷菜馆，分别为北海的仿膳饭店、颐和园的听鹂馆。仿膳的"抓炒鱼片""抓炒里脊"，是被慈禧封为"抓炒王"的王玉山师傅传下来的拿手菜，色泽金黄，甜酸适度，色、香、味皆佳。"潘鱼"，北京广和居的名菜，为福州人潘炳年所传。其系闽菜，用活青鱼加羊肉清汤煮，取鱼加羊为"鲜"之意，可谓无上精妙之作，食之令人陶然。

张起钧的《烹调原理》

　　文人雅士热衷饮食文化，喜欢撰写食谱，叙述饮食方面的心得体会。清代袁子才的《随园食单》，则是典型代表。

　　当代台湾张起钧的《烹调原理》，即是这方面的专著，已由新天地书局印行问世。

　　张起钧的《烹调原理》，突破了传统食谱的限制，对烹饪作了全盘阐述，条分缕析地加以说明。读之让人受益。

　　着手烹饪，第一件事为"调货"，即"选材"。北方餐馆购买食材，谓之"上调货"。上调货责任在柜上，不在灶上。如何选购，如何储存，其间大有学问。

　　第二件是刀口，即刀工。切菜、切肉，长度厚薄，大有讲究，一切依烹饪的要求。刀功好，则滋味长。

　　煎、炒、烹、炸，是烹饪的主体。张先生细分二十五项，洋洋大观。中国最特出的烹饪法是"炒"。炒工需掌握火候，令菜脆而有味。

　　张先生在《烹调原理》中，专门论述素菜。素菜须保存本色，烧冬菇就是烧冬菇，闷竹笋就是闷竹笋，果腹素食，本味本色，食之清爽可口。

张先生书中曾提到宋城的"菜包"。这是清王室纪念其祖先的一种吃法。以嫩的生白菜叶作包皮，用手托着包拢各种菜成球状，咬着吃。白菜叶子要不大不小，取半碗热饭拌以刚炒好的麻豆腐，和以小肚丁，再加上切成丁的摊鸡蛋。菜叶上面别忘了抹上蒜泥酱。双手捧起，缩颈而食之，吃得一嘴一脸两手都是饭粒菜屑，其貌绝妙，令人捧腹大笑。

郭风钟情于百姓寻常食物

　　郭风（1917—2010），原名郭嘉桂，福建莆田人。早年在福建省立莆田师范读书。1937—1941年，在莆田任小学教员。1938年，在《文艺阵地》发表散文《地瓜》。1941年，入福建省立师范专科学校中文系读书。1944年毕业，回家乡任中学教员。1945年年底，至福州改进出版社任《现代儿童》主编。1949年后，先后任福建省文联常委、《福建文艺》副主编、福建文联秘书长等职。出版有散文集《山溪与海岛》《曙》，散文诗《叶苗》《英雄和花朵》。

　　郭风的饮食散文，落笔于百姓寻常食物，如豆腐、地瓜。在《关于豆腐》这篇短文中，首先谈及前人笔记文丛，介绍了豆腐面筋自古为文人所重。

　　"我亦嗜食豆腐。但得申言之，绝非附庸雅人清兴。豆腐之成为我的嗜好，一如我的嗜食稀饭，大概是自幼为家乡一般居民的生活习惯所养成。此外，此中也许与个人癖性有关？每食，喜清淡；视豆腐为佳品，或因它为食品中之清淡者？"

大约九岁，由私塾转入小学，每日凌晨，母亲给他二三枚通铜元，作早点费。上学时，路经一家豆腐店，便买了豆浆喝。边喝豆浆，边听大人闲聊，十分有趣。

兴化一带，居民俭朴又好客。来了客人盛情款待，桌上常有一大碟鲜豆腐，除了上面浮着麻油外，还有一层芝麻酱。

豆腐的烹饪方法甚多，郭风最爱吃的是"贡"豆腐。"贡"是莆田方言谐音，是一种融合焖和煮于一起的烹调方法。做出的豆腐脆而松软，汤中有淡淡的香菇、冬笋的甜香，清淡可口，是一种平民化的家常菜。

冬季，炸豆腐焖山东大白菜，也是一味让人喜爱的佳肴。兴化有一种特殊的豆腐加工方法，将豆腐压成一张浅白色的连扣纸，切成丝状，与豆芽一起炒，其味甚佳。还可以把当地出产的跳跳鱼和豆腐一起放在蒸笼里，急火猛蒸。这种小鱼与豆腐混合的食品，既嫩又鲜，也是一道美味。

《地瓜》一文，作者转述，陈振龙的后人陈世元在《番薯传习录》中，记述了明代万历年间福建常盘县商人陈振龙在吕宋（即菲律宾）发现一种容易种植、产量很高的薯类，一边学习种植技术，一边寻求机会将这种薯类带回祖国，后终在福州郊外种植，喜获高产。在粮食短缺的日子里，这种番薯正好成为粮食的替代品，让百姓免除饥荒的困扰。

陈振龙从吕宋引入高产的番薯，解决了民众的饥饿之困，这应该是造福人间的一大善举，值得后人铭记。

黄媛珊特撰《媛珊食谱》

食谱可作烹饪指南，一食谱在手，按图索骥能制作多种佳肴。

食谱可分为两类，一类为文人雅士闲情偶寄，以冷隽之笔，写饮食之妙，读其文字颇有妙趣，不一定操动刀匕，照方调配。一类专供家庭参考，不惜详细说明，金针度人。黄媛珊所撰食谱，属后一类。文中列菜谱二十七类，一百五十四色，南北口味，中西做法，均能融会贯通，切合实用，为家庭烹饪提供了绝好的教科书。

饮食为人之大欲，天下众口有同嗜，但烹饪欲达艺术境界，则必须有高度文化作背景，同时亦需以发达之经济作基础。在饥不择食的状况下，谈不到食谱。淮扬菜能独树一帜，因当年盐商聚集，生活富裕，烹饪自然跟着讲究。吃在广州，那是由于广州自古为市舶之所、海外贸易中心，富庶人家特多，菜肴丰盛，讲求美食。奢侈之风不足训，在节约原则下，饮食考究一点，还是应该的。即便日常菜肴，在色、香、味上用一番心思，也是有益之事。

中国区域辽阔，物产丰富，各地都有其独特的烹饪风格。北方与南方菜肴就有不同的特色。

北方有山东、河南两派。山东菜又有烟台与济南之别。时间久了，各地菜肴互相交流，互相吸取，地道的山东馆，也学着做淮扬菜。淮扬馆亦掺杂了广东菜。

嫒珊女士是广东人，自然精于粤菜，但对北方菜、淮扬菜，同样内行。

饮食虽为小道，也有赖于才。要手艺的菜，"火候"固然重要，而"使油"尤为重要。冷油、温油，其间差不得一点。名厨甚为难得，犹之乎戏剧之名角。唯有难得之名厨才能做出绝味佳肴，教人食之难忘。

黄宗江：钟情佳肴的大食客

黄宗江（1921—2010），编剧、作家、演员。从小聪慧，天分极高，按说应走学者型道路，而他在1940年却中断燕京大学外文系的学业，只身南下，在上海当了一名职业演员，从此走上"卖艺"之路，带领弟弟、妹妹也走上了这条路，自称"卖艺黄家"。黄家为江浙瑞安望族，清中叶黄家有父子两进士、父子叔侄三进士且为同朝翰林。

黄宗江为电影《农奴》的编剧，著有散文集《戏痴说戏》等。

著名学者季羡林在《赠黄家兄妹》一诗中写道："天教畸人聚一家，五十六斗论才华。艺坛辉映照寰宇，大千世界七朵花。"

著名作家邵燕祥亦有《赠黄家兄妹》两首，选其一："黄家拳脚竞高低，又是书迷又戏迷。才学三一律今古，艺能十五贯中西。杂文推许别人好，老伴夸称举世稀。声口如斯应保护，不须编号已珍奇。"

黄宗江献艺舞台，闯荡江湖。他特别喜爱叶芝的《野雁》诗：

> 奔波没有给他们倦容，
> 相好伴着相好，
> 飘逐寒流，或是飞腾天空，
> 心情从不变老，
> 他们仍然争胜，依然钟情，
> 尽管飘流西东。

"鸿雁几时过，江湖秋水多"。黄宗江在艺海中闯荡，活在其中，乐在其中。

黄宗江的父亲是电话局的工程师，经常带孩子看戏。家住北京，将京戏名角的好戏，看了一遍又一遍，让黄宗江从小染上了戏瘾，最后走上从艺之路。"文革"后，被调往中央戏剧学院任副院长，协助金山负责教学业务。

黄宗江是一位大食客，他认为：吃学既是一门科学，更是一门艺术。各门学问应是相通的，对吃学的研究与对艺术的理解有许多互通之处。了解他的吃品，如闻他的艺品，如见他的人品。

"行万里路，尝百味鲜"。黄宗江主张"尝百味鲜"。凡能吃的，只要有机会，他定要尝一尝。他一辈子跑过许多地方，北国、江南、戈壁、高原，亚、欧、拉、美都留下他的足迹。越南乡村的炒芭蕉芯、东京料理的生鱼片、新疆的手抓羊肉、上海的腌笃鲜，都让他留下难忘的印象。他在艺坛以杂学著称，而在饮食上也以杂吃著称。无论在什么条件下，他都不会忘记一个"吃"字。他的上衣口袋里装着一排小瓶子，里面装着酱油、醋、盐、味精、胡椒面。开饭时掏来掏去，忙着给菜肴调味。

黄宗江深感"一个人吃着没味"，希望几个好友一道就餐，边吃边喝边聊，能把一顿饭吃上几个小时。

黄宗江不但好吃，还好喝。每顿饭根据不同情绪喝不同的酒，或白或黄或红，还喝自己调制的混合酒。

黄宗江爱起早为全家做西式早餐。煮咖啡，用咖啡豆磨的粉，在壶里煮得冒泡，满屋都是咖啡香气。还备有面包、黄油、果酱。然后得意洋洋地等着大家起床。这也是他唯一会做的"家务"。

邓云乡的论食美文《云乡话食》

邓云乡（1924—1999），山西灵丘人。上海红学界元老，与魏绍昌、徐恭时、徐扶明并称"上海红学四老"。毕业于北京大学。自幼受传统文化熏陶，具有深厚的国学功底，是极个别能让历史"活"起来的学者。既渊博厚重，细研历史文化，又细沐闲情，深通民俗风情。

他是一个富有历史杂学的文人，其作品因小见大，为读者留下深厚的历史文存。行文淡雅，韵味悠长，让人收获甚丰。

《红楼梦俗谭》，围绕《红楼》风俗故事，信笔写来，叙岁时，说礼仪，讲服饰，品园林，头头是道，洋洋大观。

《鲁迅与北京风土》，以《鲁迅日记》为经，以北京风土景物为纬，从鲁迅生活的特定环境研究鲁迅，寻找鲁迅当年在北京的文化足迹。

《文化古城旧事》，京华风俗人物信手拈来，生动描绘于纸上，让人读来十分畅快。

邓云乡是一位见多识广、博览群书的学者。"民以食为天"，

他对饮食十分关注，将所撰有关膳食的文章汇集成册，题为
《云乡话食》。

其中有对可口菜肴的记述。《韭黄》一节中，引杜少陵《赠
卫八处士》诗："夜雨剪春韭，新炊间黄粱。"所谓春韭，在早
春蔬菜中是珍品，也是美味。最嫩的是韭黄，又名黄牙韭，北
京正月里最珍贵的嘉蔬。北京人很爱吃韭黄，韭黄烧鸡蛋，韭
黄炒肉丝，自然都是美味。

荠菜，分甜荠菜、苦荠菜两种。甜荠菜有一股清香，苦荠
菜略带苦味，都是春天很好的野菜。荠菜最普通的吃法是用肉
丝炒了吃，或在开水锅中焯熟后，切碎用干子拌了吃，还可以
用荠菜和肉做馅，包饺子，都十分可口。

邓云乡读大学时，在北京生活多年，对京华食品印象颇深。

萨其玛，北京的一道点心。《光绪顺天府志》："赛利马为喇
嘛点心，今市肆为之，用面杂以果品，和糖及猪油蒸成，味极
美。"这一食品，有蛋味、奶味、蜂蜜味，三者与面、油相混，
形成一种特殊风味。

藤萝饼，为北京特有，真正富有乡土味的细点。其馅以鲜
藤萝花为主，和以熬稀的好白糖、蜂蜜，再加果料松子仁、青
丝、红丝制成。因以藤萝花为主，吃到嘴里全是藤萝花的香味。

豌豆黄，也是一种北京传统食品。徐珂《清稗类钞》："京
都点心之著名者，以酿榆夹，蒸之为糕，和糖而食之。以豌豆
研泥，间以枣肉，曰豌豆黄。"近人雪印轩主《燕都小食品杂

咏》："从来食物属燕京，豌豆黄儿久著名。红枣都嵌金屑里，十文一块买黄琼。"

旧时，秋风一起，北京街头糖炒栗子就上市了。柴桑《燕京杂记》："栗称渔阳，自古已然。其产于畿内者，在处皆美，尤以固安为上。"固安县在京南，所产栗子，为上品。清人郝懿行《晒书堂笔录》记下了京师炒栗街景："余来京师，见京肆门外置柴锅，一人向火，一人坐高兀子。操长柄铁勺搅之，令匀遍。其栗稍大，而炒制之法，和以濡糖，藉以粗沙，亦如余幼时所见，而甘美过之。都市炫鬻，相染成风，盘飣间称美味矣。"

北京是一个出产柿子的地方，西北山区一带，漫山遍野都是柿子林。《光绪顺天府志》："柿为赤果实，大者霜后熟，形圆微扁，中有拗，形如盖，可去皮晒干为饼。出精液，白如霜，名柿霜，味甘，食之能消痰。"

柿子种类很多，有硬柿、盖柿、火柿、青柿、方柿等。北京盛产盖柿。

到了数九寒天，人们将买来的柿子放在室外窗台上冻，等到冻得像冰坨子的时候，就可以吃了。这时，柿子内部组织经过一冻一融，已经全部变成泥体，用嘴轻轻一吸，便可把冰冻的柿子汁吸入口中，又冷又甜，胜过吃雪糕。

鲥鱼，鱼中之美味，江南之季节鱼。今已绝迹。明、清时，为著名之贡品。曹雪芹祖父曹寅《楝亭诗钞》卷七"鲥鱼"诗后注云："鲥初至者，名头臕，次名樱桃红。予向充贡使，今停罢十年矣。"

邓云乡在上海工作时，曾在学校食堂吃到蒸鲥鱼。鲜嫩无比，那滋味是用文字形容不出来的。

"萝卜白菜保平安"，白菜、萝卜是日常人家常食的"家常菜"。白菜，北京人的恩物。北京人一冬天下饭全靠它。

"芥末墩"，白菜的一种做法。将大白菜头上的叶子切去，下面用刀横切，成为一个一个的圆饼，一个个放入大盆中，撒上粗盐，"杀"一夜，第二去掉卤水，一层层放入坛中。每放一层，撒一层芥末，最后倒入米醋，封口。半月后取食，滋味极为可口。据说，老舍当年最爱吃此菜。

北京市井，常有"萝卜赛梨"的叫卖声。清康熙文人高士奇《域北集·灯市竹枝词》："百物争鲜上市夸，灯筵已放牡丹花。咬春萝卜同梨脆，处处辛盘食韭芽。"诗后注："立春后，竞食萝卜，名曰'咬春'。半夜中，街市犹有卖者，高呼曰'赛过脆梨'！"

《云乡话食》中，还有对各地名菜馆的记叙。

同和居，清末北京最出名的一家饭馆。在偏僻的小胡同中，却享有盛名。从清代何绍基、张之洞、李慈铭、樊樊山到民国的鲁迅、钱玄同等人，都是这家饭馆的老主顾。

著名史学家陈垣生前最赏识同和居的菜，他与辅仁大学的一些名教授英千里、溥雪斋、沈兼士都是同和居的常客。

同和居的名菜、名点是：贵妃鸡、烩乌鱼蛋、糟焗鱼片、锅塌豆腐、三不粘、三鲜饺等。

杭州西湖的楼外楼，亦是一家闻名于世的餐馆，坐落于风景如画的西湖，得名于题西湖的一首名诗："山外青山楼外楼"。其醋熘鱼，为人间一绝。鱼肉鲜嫩，味道精美，为人间不可多得之美食。

说美食，必然议及佳肴，必然议及制作佳肴的名菜馆，必然议及名人与名菜馆之逸事。

其中《曲园老人忆京都名点》提及萝卜丝烧饼，为致美斋名点。其做法十分讲究，馅，用象牙白萝卜切成极细的丝，和以上等绵白糖、精盐、青红丝、玫瑰、猪油制成菲色的馅。说是甜，又有点咸的回味；说是萝卜香，又有点玫瑰香的回味。曲园老人《忆京都》词中，念念不忘"一团萝卜切成丝"，就是这种十分可口的萝卜丝饼。

《鲁迅与北京饭馆》，依据《鲁迅日记》，介绍了他在北京各类饭馆用膳的情况。

鲁迅在京用膳的餐馆可分五类：一是切面馆。鲁迅常来这里以面代中饭，有时也拉友人一起就餐。二是二荤铺。鲁迅常在此类铺中，包一顿中饭。三是小饭馆。小到一两间门面，五六座位。以地方风味标榜，各有特色。四是中等饭馆子。也可叫"饭庄子"。鲁迅常去的首推"广和居"。五是大饭庄子。一般喜庆宴会，在大饭庄子订席。

陆文夫的名篇《美食家》

陆文夫（1928—2005），江苏泰兴人。20世纪50年代以小说《小巷深处》而知名。文学巨匠茅盾多次著文评论其作品。他的《献身》《小贩世家》《围墙》相继获全国优秀短篇小说奖；中篇小说《美食家》《井》在读者中广泛流传，被搬上荧幕。评论界称他"陆苏州"，是韦应物、白居易之后，又一写活了苏州的大作家。比较文学研究家将其喻为中国的果戈里、契诃夫，道破了他的文学作品揭示世态人情的深刻性。

陆文夫的作品力求自身的独创性。茅盾称赞他"力求每一短篇不踩着人家的脚印走，也不踩着自己上一篇的脚印走"。他善于宏观着眼，微观落笔；善于把"我"带进作品中，与人物同呼吸共命运。有时还带有含蓄的嘲弄，酸中有甜。追求苏州风味的渲染；艺术手法上有对评弹、园林的借鉴。这些都构成了陆文夫作品的独特色彩。他的文风优雅、闲适、恬淡，追求生活的情调。在其文学作品中，让人看到了生活本来的样子。他的为人生，为写作，都有雄强、方正的内核。他有清淡如茶的一面，又有沉郁似酒的一面。

他的著名中篇《美食家》，写一位地道的资本家朱自冶坎坷曲折的一生。其父是一位精明的房地产商人。抗战前在上海开房地产交易所，家住上海，却在苏州买下了偌大家私。抗战初，鬼子一个炸弹落在他家房顶上，全家只有一人幸免，那就是朱自冶，那天他到苏州外婆家吃喜酒，幸免于难。朱自冶因好吃而保存一命，不好吃便难以生存了。追求吃，便成了朱自冶终生的目标。家在他的概念里仅仅是一张床铺，当他上铺的时候，已经酒足饭饱，靠上枕头便打呼噜。

朱自冶登上茶楼，吃友们便陆续到齐。苏州菜有它一套完整的结构，开始时是冷盘，接下来是热炒，热炒之后是甜食，甜食后面是大菜，大菜后面是点心，最后以一盆大汤做总结。一道接一道，品种丰富，大快朵颐。

晚餐，朱自冶安排的是苏州小吃，按照他的吩咐，到"陆稿荐"去买酱肉，到"马咏斋"去买野味，到"五芳斋"去买五香小排骨，到"采芝斋"去买虾籽鲞鱼，到"某某老头家"去买糟鹅，到"玄妙观"去买臭豆腐干。

苏州在唐代已是"十万夫家供课税，五千子弟守封疆"了。到了明代更是"翠袖三千楼上下，黄金百万水东西"。这里气候宜人，物产丰富，风光优美，历代地主官僚、富商大贾、怀才不遇的文人雅士、人老珠黄的一代名妓……都喜欢到苏州安度晚年，那么多有钱有文化的人来此安居乐业，吃喝玩乐是不可少的，既有风光秀佳的园林，从而旅游甲天下，又有可口的美食，从而饮食甲天下，成为美食家的天堂，使吃的文化登峰造极。

讲究"吃"的人，会问做菜哪一样最难？回答当然是：选料、刀工、火候。然而朱自冶认为：最简单而最复杂的是放盐。盐放少了，没味；盐放多了，败味。最好的是有滋有味。盐能吊百味。肺鲜、火腿香、花菜滑、笋片脆，都靠适量的盐引出美味来。把百味吊出，盐就隐而不见，从来没有人在咸淡适中的菜里吃出盐味。

朱自冶一贯好吃，死不悔改。三道炒菜，必上一道甜食。炒菜中有芙蓉鸡片、豌豆炒虾仁、长鱼炒蒜苗。甜食中有剔心莲子羹、桂花小圆子、藕粉鸡头米。

大菜中有蜜汁火腿、松鼠鳜鱼、"天下第一菜"；点心中有翡翠包子、水晶烧麦。而"三套鸭"则是朱自冶常点的美食，一只硕大的老鸭中，塞进一只母鸡，母鸡内又塞进一只鸽子，炖煮出来，香气扑鼻，惹人垂涎。

陆文夫长期生活于美食之乡，精通美食文化，他在《吃喝之外》这篇短文中谈道："我觉得许多人在吃喝方面都忽略了一桩十分重要的事情，即大家只注意研究美酒佳肴，却忽略了吃喝时的那种境界，或称为环境、气氛、心情、处境等。此种虚词不在酒菜之列，菜单上当然是找不到的，可是对于一个有文化的食客来讲，虚的却往往影响着实的，特别决定着某种食品久远、美好的回忆。"

你幼小时可能食过糖粥，那是你依偎在妈妈身边，妈妈用绣花挣来的钱，替你买了一碗糖粥，看你站在粥摊旁，吃得又香又甜，她的脸上露出了笑容。

你长大了，正当初恋，如火的恋情使你们两人不畏冬夜的朔风，手拉手在巷口的小摊旁，品尝着温馨的小馄饨，从而留下终生的记忆。

唐代诗圣杜甫，可能参加过不少盛宴，可是杜老先生印象最深的是一次到一位"昔别君未婚"的卫八处士家吃的韭菜，留下了"夜雨剪春韭，新炊间黄粱"的诗句，脍炙人口。这是他一生最难忘的一次与友人聚会。

饮食与具体的情景、环境有密切的关系，特殊的情景、特殊的环境，会让参与饮食者留下深刻的印象，成为终生难忘的回忆。

由此，陆文夫认为：一个有文化的食客，在吃喝方面不应仅研究美酒佳肴，而忽略了吃喝时的境界。此话十分有理。

饮食二字，将饮和食联系在一起，足见能食之美食家，大多是豪饮的酒徒。陆文夫在《壶中日月长》一文中，介绍自己从小便能饮酒的趣事。

他的故乡泰兴是个酒乡。冬日是喝酒的季节，大人们可以大模大样地品酒，孩子们没有资格，只能捧着小手，到淌酒口，偷饮几口，那酒称之为原泡，微温，醇和。孩子们醉倒在酒缸边上，是常有的事。他虽常偷喝，只是没有醉过，证明小时酒量颇大。

壶中日月长，或许是香醇的美酒，陶冶了陆文夫的心灵，让他写出了一篇篇富有浓郁乡味的佳作，被广大读者誉为"陆苏州"。

他着笔于间巷中的凡人小事，却深蕴着时代与历史的内涵，文风清隽秀逸，含蓄幽深，淳朴自然。其作品具有姑苏地域色彩和深厚的文化品格，在中国当代文学中独树一帜。

李国文关切民生谈《吃喝》

李国文（1930—2022），生于上海，原籍江苏盐城。1947年，入南京国立戏剧专科学校读书，两年后进北京华北革命大学学习。抗美援朝时，在志愿军某部文工团任创作组组长。1954年，到铁路总工会任文艺编辑。李国文随铁路工程队跑遍大半个中国，饱尝了人间的辛酸冷暖，积累了生动的生活资料，写成了《月食》《冬天里的春天》。

1979年，他创作的《危楼记事》，获全国优秀短篇小说奖。1983年完成长篇《花园街五号》，近距离反映新时期改革生活。成为国内1984年十大畅销书之一，被改编为话剧、电影、电视连续剧。

李国文的作品，重视情节的戏剧效果，讲究结局布局上的精巧完整，让主要人物的活动带上传奇色彩，语言沉稳中表露出诙谐隽永。

李国文一生备受磨难，关心民众生活，同情百姓疾苦。在《吃喝》这篇散文中，作者对公款请客也好，私费小酌也好，大肆吃喝，不知品尝滋味，只求淋漓痛快的做派，予以辛辣讥讽。有些人"虽然浑身都用名牌包装起来，从头到脚都予以美容，然而一张嘴，满口脏字，村话连篇，令人掩耳，无法卒听"；"发了点财，来不及地穿金戴银，有了点钱，急忙忙满头珠翠，为炫耀那块钻石表、金项链，恨不能大冬天都光膀子，打赤膊"，"有了一张绿片，马上瞧不起中国人，认识两个老外，立刻就当假洋鬼子……"凡此种种，均为精神极度贫乏的表现。

人活着，总得有吃。饿得两眼发青，曹雪芹写不出《红楼梦》，郑板桥也画不出墨竹。但有了粥食，也就可矣！

食粥一事，中国旧时文人笔下时有涉及。宋代费衮《梁溪漫志》中有一篇《张文潜粥记》云："张安道每晨起，食粥一大碗。空腹胃虚，谷气便作，所补不细。又极柔腻，与脏腑相得，最为饮食之良。妙齐和尚说，山中僧将旦，一粥甚系利害，如或不食，则终日觉脏腑燥渴。盖能畅胃气，生津液也。今劝人每日食粥，以为养生之要。必大笑。大抵养性命，求安乐，亦无深远难知之事，正在寝食之间耳。"这说明粥之作用，除物质外，尚有精神上妙不可言之处。

宋代陆游《食粥诗》："世人个个学长年，不悟长年在目前。我得宛丘平易法，只将食粥致神仙。"他将食粥与长生联系在一起。

苏东坡有"半夜不眠听粥鼓"，出自《大风留金山两日》。在朝廷倾轧中，被排挤出京，放浪江湖，备尝生活艰辛。当无食挨饿时，就产生聆听粥鼓的亲切感情。

艰辛的生活，会让作家明白许多事理，写出有真情实感的好文章。

邓友梅畅述《饮食文化意识流》

邓友梅（1931— ），山东平原县人，仅上过四年学，11岁时候在解放区参加了八路军，后又只身闯江湖，在天津被骗到日本当劳工，工厂倒闭，又被送回山东半岛，死里逃生，投奔八路军，在文工团当演员，学习写作。新中国成立后，被派往中央文学讲习所深造，受到名作家张天翼的亲自指导。毕业后，分配到北京文联从事创作。1976年，年仅45岁的邓友梅提前退休，回到北京，赡养父母，过起"寓公隐士"生活。他创作的富有民俗风味的北京市井小说，深受读者喜爱。其作品《我们的军长》《烟壶》《那五》荣获全国优秀中短篇小说奖。

邓友梅曾明确表示"向往一种《清明上河图》式的小说作品"。他的作品，就是一幅具有世态、人情的风俗画，体现出浓郁的民俗美。他所塑造的人物，是独有的，带有民俗味的典型人物。

邓友梅在《饮食文化意识流》一文之首，便申明："饮食也是文化，对这种观点我很赞同。"他指出："我们中国人在吃上向来讲究，这种观点无疑更能提高我们的文化地位，增加我们的自豪感。"

现在人们说"饮食文化""烹饪艺术"，"但其起决定作用的基本特征还在'可饮宜食'。不管什么'文化'，首先得好吃。塑料苹果玻璃葡萄做得再漂亮再乱真，也只是工艺美术的杰作，不能算作饮食文化成果。""人们在夸奖食品时，总爱说：'色、香、味俱佳'。如果以'吃字当头'的原则来衡量，这轻重先后的次序就未必适当。"

"其实，饮食文化是最讲实效的文化，不能靠哗众取宠，而要看真招子。真招子不一定非上名贵菜肴，祖传绝技，只要普通中见出众，一般中显特殊就是好活儿。"

战争年代在沂蒙山区，到了宿营地，各班领了煎饼、猪肉、韭菜。邓友梅的班长将瘦肉和韭菜剁成馅，包在煎饼里，肥肉炼油，炸成春卷似的煎饼盒子，味道极佳，引起全团的羡慕。这位班长就是美食家。其创造性与成就不见得比有条件时做一碗狮子头差。事实表明，只有平庸的厨师，没有下等的菜肴。高明的大厨，也会将极普通的菜肴，做成可口的精品。

谢冕笔下的美食文化

谢冕，当代著名诗评家，北京大学文学院教授。他用诗的激情，诗的语言，写下了不少引人入胜的诗评，还以诗的笔触写下了有关家乡节庆时光民众同食佳肴的文字。

一、出自名校的诗评高手

谢冕生于1932年，福州市人，曾用笔名谢鱼梁。1948年开始文学创作，曾在一些报刊发表诗与散文。1955年考入北京大学中文系，1960年毕业留校任教，现为北大教授、博士生导师。曾任北大语言文学研究所所长，现任北大中国诗歌研究院院长、北大中国新诗研究所所长。他还曾兼任诗歌理论刊物《诗探索》《新诗评论》主编。

其学术专著有：《湖岸诗评》《共和国的星光》《文学的绿色革命》《新世纪的太阳》等。

谢冕笔下的诗评绚丽多姿，且能道破作者的诗歌特色，以及诗作诱人的独特风情。

在为诗人张秀娟所写的诗评《女人在雨中做梦》中写道："先说她的江，她自谓是永安溪畔的一支苇子。此江是她生命与情感的原点。江是她永远的母亲。在秀娟的诗中，母亲与永安溪是永远的同一，是至爱的亲人与至爱的故乡的同一。"揭示了故乡的溪流，对张秀娟诗歌创作的孕育。他深情地描述："一个诗人在湖边、在雨中做梦。穿过雨帘，我们望到了一个忧郁的背影。这本身就是一首美丽的诗。"是的，江南多雨水，这湿漉漉的雨水，也滋润了诗人的心田。

为诗人谢春池的诗集所作的序，题为《池塘春草的余音》。"池塘长春草，谢家有遗韵"，谢冕将南北朝时期著名诗人谢灵运与当代诗人谢春池联系起来，文笔生动，饶有风趣。作者从诗人的气质和特性，洞察其诗歌创作，指出："生性追求完美而难免有些倨傲的他，只有深知其为人的朋友能够体谅他。但他实在是性情中人，喜怒溢于言表，尽管有时难免偏颇。他的那些表达了美好情感，特别是私密情感的诗篇，往往让我们从中窥见他的真我。"谢冕深感谢春池诗中充满了思念，"有些思念像淡淡的星，散布在天空的许多角落，它们钻石般的亮度，在生命内部刻上一轮上弦月，照耀黑暗的午夜"。

二、胸怀一颗明亮的诗心

谢冕以诗为伴，爱诗、写诗、评诗，怀有一颗明亮的诗心。

他申明："我对新诗很热爱。我从新诗当中懂得了一个道理，即诗歌和人的情感、和人的内心世界是有关系的，特别是和自由的内心世界、一种无拘束的情感是有关系的。倘若离开了自由的表述，我们可以不要诗。正是因为诗歌是和心灵非常接近的一个文体，所以我们很喜欢诗、热爱诗。""我认为诗歌的理想就是自由，新诗尤其要自由地表达内心世界和情感世界。"他强调："诗不能表达一个活生生的、有活泼的思想和情感的'我'，那是最可怕的一个事情了。"蔡其矫先生曾这样说："诗的根本的精神，就是自由。""自由地表达你对世界的看法，自由地表达你的内心世界的丰富性，这一点我觉得始终应该是诗人所追求的，应该是诗人高举的旗帜。"

谢冕十分注意诗的语言，要求诗的语言必须凝炼，且富有诗意。他说，诗的创作经验告诉我们："要有非常凝炼的语言来传达诗人对过去一个时代的批判和对历史的反思。"

白话诗必须是诗，"我们不能因为白话而忘了诗"，"白话诗都是白话，没有诗意，那是不行的"，"情是诗不可或缺的要素"，"人的美在于心，诗的美在于情"。

新诗应当学习和借鉴古典诗歌。"你看写诗写得好的，闻一多、徐志摩、戴望舒、卞之琳，在他们的诗中是可以看出古典元素的。""相反的，对古典一窍不通，甚至拒绝，要写好诗是很难的，因为中国人写的是中国诗。"

诗人要提高自身的素养，提升为人的品格。"诗人是独立的，他就是批判地存在于这个世界里，批判性地发言。""我们今天，诗人代表着正义和良知，代表着人类最崇高最普遍的愿望。"所以，诗人对自我必须有一个高尚的追求。

三、节庆佳肴寄乡恋

谢冕的散文，也十分动人。写得真切、风趣，饱含浓厚的诗意。《花朝月夕》散文集中，多篇散文撰述家乡节庆时光品尝的美味，给读者留下难忘的印象。

过大年，这是中国人最喜庆的日子。谢冕的《除夕的太平宴》就是写家乡除夕之夜，全家聚食的盛宴。

"这一场酒席，更像是闽菜精华的荟萃：红糟鲢鱼、糖醋排骨、槟榔芋烧番鸭、炒粉干、芋泥、什锦火锅，最后是一道象征吉祥的太平宴（福州方言称鸭蛋为'太平'，'宴'是燕皮包制的肉燕的谐音，这是一道汤菜，主料是整只的鸭蛋，肉燕外加粉丝、白菜等）。平日里省吃俭用——有时甚至陷于难以为继的困境的家庭，在年节到来的时候，一下子却变得这样的'奢侈'！"

端午节，吃粽子，这是各地流行的习俗。作者在《香香的端午》中，一开头便描述："端午是香香的，香飘万家。最初是菖蒲、艾蒿的香味，后来是雄黄酒，是年轻女性胸前、腋下的香囊"，"再后来就是竹叶包裹的粽子，满街满巷飘浮着粽叶的清香。"

"福州粽子大体用花生或赤豆和着糯米做材料，不咸也不甜，糯米加上很重的碱（这是福州粽子的特色），橙黄色深到发暗，糯米碱面的香气，加上竹叶的香气，非常的迷人。"

中秋赏月食月饼，这也是中国人每年都刻意安排的节庆活动。"说到月饼，不是偏爱，对比之下还是家乡福州的月饼最好吃。福州月饼酥皮，油性大，而且甜度高。"

"柚子灯是闽都中秋的特制"。造灯时，将柚子内囊掏空，留下浑圆的外壳。再在空壳中安装蜡烛座，点燃蜡烛，小灯发出黄色微光。夜宴之后的"提灯游行"，是闽都中秋夜一道明媚的风景。

谢冕喜爱品尝美食，每到一地食一佳肴，便写入游记中。《江都河豚宴记》，详记了江都名菜"狮子头"。狮子头为淮扬名菜之翘楚。碗中十只大狮子头，汤是清的，不见油星，上面漂着几片豌豆苗，也是清清爽爽的，如同清澈湖面上，漂着几叶绿萍。

狮子头，做工精细，六分肥肉，四分瘦肉，斩成肉碎，加上荸荠，也剁成碎丁，没有过油，底色是白的，瘦肉显出淡淡的红。白里透红，像是含苞待放的绣球花。狮子头给人的口感，糯糯的、软软的、松松的，入口即化，却又是脆脆的，平时没有吃过此等美味。

《一路觅食到高邮》，作者记下在高邮"随园"饭店吃到的一桌丰盛的高邮佳肴。红烧河鳗、雪花豆腐、软脰长鱼、白汁素鸡等十多样菜，让好食之客饱尝了高邮的特色美食。

家乡的菜肴，会勾起作者儿时的回忆。游历各地，品尝各地美食，让作者体察了不同区域的美食文化。这些都在谢冕如诗如画的散文中得到了生动的体现。

王蒙的饮食趣味

　　王蒙（1934—　　），祖籍河北南皮县，出生于北京一个平民知识分子家庭，母亲祖上与清代大文学家纪晓岚有亲戚关系。1945年，王蒙跳级考入北京平民中学。经高中同学、中共地下党员何平引导，参加革命活动，不满14岁时加入共产党。新中国成立后，担任青年团干部。后在北京师范学院教过书，经本人要求迁往新疆。在新疆文联安排下，带工资下放至伊利巴彦岱公社。用一年时间学会维吾尔族语言，深入边陲的民族生活，与当地群众结下了深厚情谊，成了他尔后文学创作的重要源泉。1979年后，王蒙得到平反，全家迁回北京。曾任《人民文学》主编、文化部部长。

　　王蒙在文坛上是位多面手，小说、散文、诗歌、杂文、评论无有不写，且优质高产。其中《最宝贵的》《悠悠寸草心》《春之祭》获全国优秀短篇小说奖；《蝴蝶》《相思时难》获全国优秀中篇小说奖。在艺术上，王蒙不断追求新路子、新写法，善于根据生活内容和欣赏心理的变化，敏捷地调整和更新艺术表现手段，娴熟地运用几套笔墨、几种风格从事写作。其作品被译成多国文字。1987年，获意大利第13届蒙德罗国际文学特别奖。王蒙依据自身对《红楼梦》的理解，撰写有深度的论文，结集出版，成为"红学"中的一家之言。

在王蒙大量的随笔、散文中，亦有描述饮食趣味的佳作。

在《我爱喝稀粥》一文中，王蒙道出了对稀粥的至爱。他写道："在我的祖籍河北省南皮县，和河北的其他许多地区一样，人们差不多顿顿饭都要喝稀粥。甚至在米饭炒菜之后，按道理是应该喝点汤的，我们河北人也常常是喝粥。""家乡人最常喝的是'黏粥'，即玉米面或玉米馇子熬的糊糊。""喝稀粥的时候一般总要就一点老腌萝卜之类的咸菜。咸菜与稀粥是互相提味、互相促进、相得益彰的，这一点无须多说。""粥得喝多、喝得久了，自然也就有了感情。""大米粥本身就传递着一种伤感的温馨，一种童年的回忆，一种对于人类幼小和软弱的理解和同情，一种和平及与世无争的善良退让。"

"至于每年农历腊月初八北方农村普遍熬制的'腊八粥'，窃以为那是粥中之王，是粥之集大成者。""熬制时已是满室的温暖芬芳，入口时则生天下粮食干果尽入吾粥，万物皆备于我之乐，喝下去舒舒服服、顺顺当当、饱饱满满，真能启发一点重农爱农思农之心。"

"闽粤膳食中有一批很高级的粥，内置肉糜、海鲜、变蛋、乃至燕窝鱼翅，食之生富贵感营养感多味感南国感，食之如接触一位戴满首饰的贵妇，心向往之赞之叹之而终不觉亲近。"

"不论是什么山珍海味，不论是什么美酒佳肴，不论走到哪个地方，在不断尝试新经验，补充新营养的同时，我都不会忘记稀粥咸菜，我都不会忘记我的先人、我的过去、我的生活方式，以及那哺育我的山川大地和淳朴的人民。"

在《吃的五W》一文中，王蒙谈到了餐馆环境比那里的食物，让他留的印象还要深。四川饭店和同和居后院，都是他喜欢的环境。像居家、像府第，庭院深深，院里有树木花草，室内有中式字画，给人一种安谧幽古的感觉。

吃当随遇而安，讲五W，绝不仅限于餐馆。老乡炕头，盘腿而坐，红薯粥，贴饼子，其乐融融，亦觉舒畅。

总之，谈吃不恋吃，广用博闻，能上能下；稀奇古怪，不惧其异；讲究排场，不失其志；以吃会友，意不在吃。在寻常而清淡的饮食之中，自然会品味到生活之美，人生之趣。

中国地域辽阔，食品丰富，扬州虾子面、苏州松子糕、宁波汤圆、嘉兴肉粽、开封炸糕、西安泡馍、兰州拉面、宁夏羊杂，凡此种种，各有特色，各有风味。欲一一品尝，自会让味蕾丰富，亦让中华各地传统美食再创辉煌。

高成鸢：对"饮食文化"追根求源的学者

　　高成鸢，1936年生，山东威海人。天津文史馆资深馆员。长期从事文化史研究，完成的国家史学课题《尚齿（尊老）中华文化的精神本质》被庞朴先生评为有"存亡继绝"之功，季羡林先生曾手书推荐。

　　他受兴趣驱使转而探索中华文化的物质本原，埋头破解"中餐由来"问题，由此成为"饮食文化"开拓者之一。被聘为中国烹饪协会、世界中餐业联合会的饮食文化专家委员会顾问。多次参加中央文史馆"国学论坛"。完成30余万字《味即道——中华饮食与文化十一讲》，追溯中餐演进道理，透视饭菜烹调原理，辨明华人赏味机理，旁及民族文化心理。全书四大部分：一为食物逆境与中餐的由来；二为"味道"的研究；三为中餐烹调与欣赏原理；四为吃与中西文化及人类文明。

　　在"人之初与食之初"中，作者指出：中华文化特别注重于"吃"。《礼记·礼运》："夫礼之初，始诸饮食。"认为文化来自饮食。古书中燧人氏、伏羲、神农，这"三皇"，是人格化的符号，代表文明进化的三个阶段。燧人氏以火熟食，伏羲打猎驯兽，神农种粮农耕，统统离不开"吃"。史学家汤因比指出：生存逆境的挑战能激发人类的创造力，造就各大文明。熟食、驯猎、农耕，正是人类在逆境中造就的文明。饥饿是先民永恒的话题，面临饥饿，力求生存，才设法谋求饱腹之计，才由狩猎转入农耕。用现代学术眼光考察饥饿的专著并不多见，较重要的，只有20世纪50年代邓云特（即邓拓）的《中国救灾史》。

华人的"粮食"，总称"穀"（简化字以"谷"代用），都是草本植物的种子，先是"百谷"，后减少为"九谷"，最后为"五谷"。谷类古称"禾"。脱壳后分别有"小米""大米"。小米有数种：稷、粟、黍。可以断言：中华文化这棵参天古树，是从细小的谷粒长出来的。

"蔬"本是"疏"，指谷糠、野菜之类粗疏的可以果腹的食物。菜就是"草之可食者"。古人曾言："五谷为养"，"五菜为充"。鲁迅年少时，曾将家藏《野菜谱》影抄一遍，其中有首民谣："苦麻苔，带苦尝，虽逆口，胜空肠。"野菜虽不好吃，但可充饥。

三国时期的重要著作《古史考》，收入这两句："黄帝始蒸谷为饭，烹谷为粥。"陶甑最早出现于仰韶文化时期，用作蒸饭，由煮粥的鬲改进而成，它比鬲多了两个关键部件，就是盖子与箅子，这在我国粮食文明史上，具有重大意义。

羹是最早的烹调成品，为日常饮食之要件。由于羹的出现，便有了狭义之食（即谷类食物）与菜肴之对应，中餐"饭""菜"对立格局大体形成。

盐为生命之必需。明代宋应星的《天工开物·作咸》："辛酸甘苦，经年绝一无恙。独食盐，禁戒旬日，则缚鸡胜匹，倦怠恹然。"数日不食盐，连缚鸡之力也没有了。

古老的《礼记》揭示了一条艺术规律："甘受和，白受采。"美味之菜肴需淡而无味的白饭来反衬。饥饿会让人对食物的感受变得格外灵敏。苏轼曾云："夫已饥而食，蔬食有过于八珍。"人在受饥时，也会将普通菜肴当成了八珍。所以，人们常说：唯有肚中饥，最好吃。

人的感受力有疲劳与"残留"现象。电影利用"视觉残留"的原理而发明。"白受采"只能消极地减轻"感觉疲劳"；"甘受和"却更能消除"感觉疲劳"。佳肴虽美，一口连一口不停地吃，由于感受力的疲劳，也会让人生"腻"，顿失佳味。

人们经常谈起，却难以捉摸"旧味"，有多种含义。有时可以概括为人生全部感受的"世味"。苏轼的《立秋日祷雨宿灵隐寺同周徐二令》中有"崎岖世味尝应遍"之句。饮食以外的"味"，首先在文学方面。最早的诗学专著《诗品》断言，"味"是诗的最高标准。南朝梁钟嵘《诗品·序》："使味之者无极，闻之者动心，是诗之至也。"明朱承爵《存余堂诗话》认为："作诗之妙，全在意境融彻……乃得真味。"反过来，人们又把对诗的感受比喻对味的感受。袁枚《随园诗话》中《品味》二首之一云："平生品味似评诗，别有酸咸世不知。"古人写文章同样讲"味"。文论经典《文心雕龙》中，"味"字出现有十七次之多。"味"在哲学上的应用大大早于文学。《道德经》五千字中，"味"字就出现过四次。我国的国粹京剧，唱腔微妙，用西方精密的乐谱也无法记载，只能以"味儿"来表示。

苏轼曾写过一篇《老饕赋》，歌颂讲吃的人。"老饕"来自古老词语"饕餮"，是贵族肉食者铸在青铜器上用来"护食"的怪兽。梁实秋说："美食者不必是饕餮客"。饕餮客吃得比一般人多，美食家吃得少而精。袁枚在《兰坡招饮宝月台》中云："不夸五牛烹，但求一脔好。"

管馋嘴的人叫"美食家"不恰当，馋得要命，未必能成"家"。台湾史学家、美食家逯耀东爱自称"馋人"。苏轼的《笡笃谷》有："料得清贫馋太守，渭滨千亩在胸中。"写一位最馋竹笋的太守。又在《次韵关令送鱼》写："举网惊呼得巨鱼，馋涎不易忍流酥。"呈现一副令人失笑的馋态。

"和，调也；调，和也。""调和"就是烹调。"和"为音乐之本质。《礼记·乐记》："乐者，天地之和也。""和"与伦理密不可分，用来说明人际关系的和睦。

古语云："不为良相，便为良医。"仿此亦可说："不为良相，即为高厨"。古代确有高厨成良相的。最典型的是厨祖伊尹，此人奴隶出身，本来只是个背着大锅菜板的炊事兵，借烹饪原理大谈治国理政之道，说服了汤王，成就了商朝开国大业。

周代宫廷中有"膳夫"之职,可参与周王室的最高政务。后世惯于将"烹调大师"与"治国贤相"结合起来。钱锺书就指出:"自从《尚书·顾命》起,做宰相总比为'和羹调鼎'"。孟浩然的《都下送辛大之鄂》:"未逢调鼎用,徒有济川心。"用"调鼎"指委任官职,抒发报国无门的牢骚。

宴席摆满各色荤菜,会让人发"腻",回家还得来点开水泡饭就咸菜,肚子方觉消停。"家家饭"好吃,自古亦然。家常饭以素为主,食之清新舒畅。

饮食中常用"蒸","蒸"的字形本来是"烝"。《诗经》中写淘米蒸饭,原文就用"烝"。"烝"字的义项颇多,重要的有"众多""长久""国君""美好"等。

水与火,人类十分熟悉的自然现象,我们的祖先利用"水火交攻"的方法煮出熟饭,这在饮食进化史上是划时代的大事。

"和"是中华文化特有的概念,《汉语古词典》中,有五种读音,义项达二十四个。"和"的篆字为"龢",包含了文化起源的很多信息。其主要义项:烹调、音乐、伦理。"龢"与"和",原先都读"禾",为谷子植株谷穗下垂之图像。烹调、音乐都与"禾"密切关联。"龢"的本义与"调"全同,含使之和谐之意。

冯骥才文笔的民俗特色

冯骥才（1942—），原籍浙江慈溪，生于天津。身高1米91，人称"大冯"。兴趣广泛，才智横溢。二十来岁，曾是天津男篮主力，在全国比赛中，有过不凡身手。能画一手好画，常给自己作品作插图，在天津办过个人画展。对音乐、民间艺术、家具设计、古文物收藏颇为内行，是一位杰出的民俗专家。

20世纪70年代，冯骥才开始小说创作，第一阶段主要写历史题材，1979年他与李定兴合著的长篇小说《义和拳》出版，引起文坛关注。不久，又发表历史小说《神灯》。第二阶段目光转向当代社会，主要写社会问题。有《铺花的歧路》《啊》《雕花烟斗》。后两篇分获全国优秀中篇和短篇作品奖。第三阶段起自1981年，主要写人生问题。短篇《酒的魔力》《高女人和她的矮丈夫》，中篇《爱之上》，深受称道。第四阶段以发掘社会文化蕴藏为主，有《神鞭》《三寸金莲》等。

冯骥才曾任中国民主促进会副主席、中国文联执行副主席。

常在全国各地出席各种活动，亦参团出国访问，留下不少优美的游记，其中有关于异域佳肴的生动文字。

冯骥才是文学家、艺术家，内心深处自然会产生对美的向往，对诗意生活的追求。

他在《书房一世界》中写道："我喜欢每天走进书房那一瞬的感觉。""世界有无数令人神往的地方，对于作家，最最神之所往之处，还是自己的书房。""静静坐在里边，如坐在自己的心里；任由一己自由地思考或天马行空地想象……"

冯骥才的书房中，存有两本因"劫后余生"而被视为珍宝的书，那是他和妻子相爱时互赠的礼物。他赠给妻子的是《唐前画家人名辞典》，扉页上留下数字："昭，熟读它！"留下了当时他俩对绘画的热爱和勤奋之心。妻子送给他的是叶尔米洛夫的《契诃夫传》，当时他迷上了契诃夫，却没钱买这本书，妻子悄悄买下送给他。

冯骥才是民俗学家，每到不同时令，便在书房中摆上不同物件。端午节，他会挂上布艺小物件，顶端是只阳刚气十足的金黄色老虎，用以辟邪，下边是象征吉祥的春桃、宝葫芦、娃娃、柿子、白藕等。中秋之日，兔儿爷定会出现在他的书架上；七夕时，定会摆出一两件"磨喝乐"，这是宋代泥塑小摆件，形象多为妇女和儿童，写实、精致、清雅，今日已成文物。岁时，会出现老四样：窗上的吊钱，桌上的水仙，墙上王梦白的《岁朝清供图》，还有自书的小福字。

音乐是书房无形的精英，它伴随着大冯从事写作。音乐舒缓写作的疲劳，带来宁静，唤起灵感。

书房潜藏着作家的阅读史。大冯书房中，保存着孩提时代阅读的小人书，有一本1936年上海开明书店印刷的《连环图画·三国演义》，一函二十四册。阿英的《中国连环画史话》，确认它是中国连环画史上的第一部书。

《世间生活》一书中，有一篇《吃鲫鱼说》。自己钓的鲫鱼，用白水烧煮，放入葱花、姜末、茴香豆、加饭酒。煮好的鱼分做一菜一汤。一切美味皆是本味，故此鱼之美，胜于一切名厨、御厨锦绣之包装也。

《除夕情怀》，撰述了三十晚吃团圆饭的乐趣。他写道："其实过年并不是为了那一顿美食，而是团圆。"除夕之夜，大门上斗大的福字，晶莹的饺子，感恩于天地先人的香烛，风雪沙沙吹打的灯笼，才是最深切的记忆。

冯骥才热爱中华文化，但不拒绝外来文化；热爱中华美食，却又欣赏他国美食。

《地中海的菜单》，介绍异域独特的菜肴，作者指出："如果想从一种食物来认识一个地方的风物与文化，就去法国南部蔚蓝色海岸边的尼斯，吃一盘取自地中海的海鲜吧！……从地中海蓝绿色的海水中，捞出这些海鲜，比如龙虾呀，乌鱼呀，鳗呀，海贝呀，狼鱼呀，等等，然后用水煮一煮，决不煎炒烹炸，也不放任何作料，捞出来就满满堆在一个大铁盘子上。下边铺了一层冰。冰儿冒着烟，海鲜又热又凉，非常适口。"冯骥才家在津门，常见海鲜，但与地中海的海鲜一比，这里的，只能称作海货了。

周国平及其笔下的闲情生活

周国平，当代著名学者，以研究尼采思想、翻译尼采著作而闻名。其影响不仅限于学术界，他还写了大量哲理散文，集哲学与文学于一身，融理性与情感于一体，文风朴实，文字精彩，深为读者喜爱。

周国平1945年生于上海，1968年毕业于北大哲学系。1978年入中国社会科学院哲学系，先后获哲学硕士、博士学位。毕业后，在中国社科院从事研究工作。

周国平不仅是哲学家、散文家，也是爱书家。他把购书、藏书、品书作为毕生主要事业。撰有《爱书家的乐趣》《自己的读者》《读书的癖好》等。

《灵魂只能独行》，共21万字，是他的哲理散文的汇编，内有"灵魂的在场""朝圣的心路""梦并不虚幻""守望的距离"等十一辑。文中作者十分强调思想、灵魂的重大意义。他认为："作为肉身的人，并无高低贵贱之分。唯有作为灵魂的人，由于内心世界的巨大差异，才分出了高贵和平庸，乃至高贵和卑鄙。"他还说："倘若一个人的灵魂总是缺席，不管他多么有学问或多么有身份，我们仍可把他看作一个没有受过教育的蒙昧人。"

周国平对古典文学中的宋词和元曲，饶有兴趣。《闲情的分量》，就是他品宋词、品元曲时，写下的精彩文字。自序中写道："在中国文人身上，从来就有励志和闲情两面。励志就是经世济用，追求功名……闲情，就是逍遥自在，超脱功名"，"对闲情不可等闲视之，它是中国特色的人性的解放，性灵的表达，在中国文化传统和中国文人生活中所占的分量很重很重。只有励志，没有闲情，中国文人真不知会成为怎样的俗物"。

由于周国平像中国传统文人一样，十分重视闲情的分量，在日常生活中讲究随心自如，用膳也讲究色、香、味的清新淡雅，契合闲适趣味的要求。

霍达谈《食趣》

霍达，回族人，1945 年生于北京。国家一级编剧。1987 年创作长篇小说《穆斯林的葬礼》，1991 年获茅盾文学奖。1997 年出版长篇小说《补天裂》，获第七届"五个一工程"奖。1999 年任中央文史馆馆员。2003 年、2008 年分别当选为第十届、第十一届全国政协常委。

霍达父亲生前常以"吃主儿"自诩。"吃主儿"一词为地道的北京话，普通话里找不到对应的词。译成苏州的所谓"美食家"，雅则雅矣，但仅含"吃的专家"这一层意思，原意未能尽括。"吃主儿"还有一层含义，即大饭庄子的常客、贵宾。其父的一大嗜好便是吃，北京的清真饭庄东来顺、南来顺、鸿宾楼、爆肚满、炒肉季……都是他消磨时光、咀嚼人生的处所。他似乎很智慧，又似乎很迂腐。到了晚年，常常絮絮叨叨地说些往年闲事，其中很大一部分是"吃主儿"的学问。

北京的清真美馔，最可回味的是火锅涮肉。当落木萧萧的寒秋，瑞雪纷飞的严冬，二三友人相约，或踏着黄叶，或披着风雪，一路兴致地去吃火锅。进得店来，一股漾漾的热气，顿时便先自醉了。清初，潘荣陛的《帝京岁时纪胜》中《正月·元旦》条下说到"什锦火锅供馔"，说明彼时使用火锅已相当普遍。

"涮肉何处嫩？要数东来顺。"这是北京的民谚、口碑。东来顺是全国第一流的名扬海内外的老牌正宗穆斯林饭庄，其信誉来自高质量、高技艺、货真价实。一律选用内蒙古西乌珠穆沁的阉割绵羊，经一段时间精心圈养，再行宰杀，只取"磨裆儿""上脑儿""黄瓜条儿"及"大小三岔儿"，一只五十斤重的羊，供涮用的仅十三斤。以极细的刀工，切叶薄如纸的肉片。佐料也极精细，芝麻酱、绍兴黄酒、酱豆腐、辣椒油、虾油、葱花儿、香菜末儿、韭菜花儿、糖蒜等，集美味之大成。汤中还加以海米、口蘑、紫菜，平添了些许海鲜味。涮羊肉是彻头彻尾的自助餐，须自己动手，边涮边食，仔细品味。

真正"老牌正宗"的北京人，对爆肚儿的偏爱亦不亚于涮羊肉，抑或更甚。传统的爆肚儿，系选新鲜绵羊肚儿。要反复冲洗、漂搓，直至一尘不染。爆肚儿的"爆"，其实就是用开水烫一烫，时间应恰到好处，时间长了肚儿老，时间短了肚儿生，只有不温不火、不生不老的"恰到好处"，吃起来才又脆又嫩又筋道又不硌牙，越品越有味。

早年间北京爆肚儿最负盛名的有东安市场的"爆肚王""爆肚冯"、东四牌楼的"爆肚满"、门框胡同的"爆肚杨"等。爆肚儿做法简单，却别有风味，成为人们钟爱的美食。

舒婷与《民食天地》

舒婷（1952—　），原名龚佩瑜，福建泉州人。其作品以"美丽的忧伤"之特色，为文坛与社会厚爱，不少诗评家将她视为"新诗潮之代表人物"。

她生长于一个破碎的家庭，自幼纤弱善感，爱书爱诗。其父因"右倾分子"问题，怕影响家庭，被迫与妻子离婚。1969年，红色风暴中，被卷到农村，在上杭落户。1972年回城，干过宣传、统计、炉前工、讲解员、泥水匠，体味过人生的种种况味。1977年，她的《致橡树》，在社会流行，使舒婷这一名字为广大读者所熟悉。

母亲早逝，父亲一直主宰厨房，不但重视菜肴质量，还讲究形式，即使家常小饭桌，也要求相应的套盘，几根青菜也得炒出名目来。

由于出生于一个吃有品位的家庭，舒婷也对吃颇内行，在她的散文《民食天地》中，对烹饪就有不少精彩的描述。

热爱小吃，大概与民俗有关。小吃品种丰富，最贫民化的，莫过于拿双竹筷在平底锅煎豆腐。小吃摊上的文化，以此为风雅，考证出当年鲁迅先生，亦为此途之老马，其前面衣襟总是油渍一大斑，盖煎豆腐者一大标志也。

对食春卷，闽南人心神领会，但同属闽南的泉州、厦门，春卷体系各有不同。春节前后，是做春卷的最佳时机。家家户户在大年到来之时，都忙于做春卷、炸春卷。

春卷皮，要摊得纸一样薄，还要柔韧，不易破。春卷馅食料丰富：五花肉切成丝，炒熟；豆干切成丝炒黄；包菜、大蒜、豌豆角、红萝卜、香菇、冬笋，切成丝，炒熟，拌在一起，加上鲜虾仁、海蛎、扁鱼丝、豆干丝、肉丝，煸透，一起装进大锅，文火慢煨。

做春卷是闽南许多家庭的传统节目。面皮之嫩，择料之精，做工之细，都马虎不得。

南方人讲究吃春卷，每年喜迎春节来临，家家户户都忙着做春卷，炸春卷，喜迎大地春回。吃春卷，意味着大年的到来，它是最佳的年味之一，亦是南方最具特色的美食小吃。

贾平凹引人入胜的《陕西小吃小识录》

贾平凹，1952年生于陕西丹凤县棣花镇，初中毕业辍学上水利工地当民工。1972年，考入西北大学中文系，学习三年，分配到出版社任编辑，因醉心创作，1980年调至西安市文联。

他才气十足，在小说、散文、评论、诗、书、画各个层面不懈探索，均获引人注目的成果。

老作家孙犁认为："他像是在一块不大的田园里，在炎炎烈日之下，或细雨霏霏之中，头戴斗笠，只身一人，弯腰操作，耕耘不已的农民。"辛勤劳作，已出版作品数十本，成为一位多产作家。他不断追求内容和形式的创新，艺术探索多层面展开。浪漫诗情的、社会反思的、文化寻根的、时代变革的，均在笔下各有不同的反映，让读者啧啧称奇。

贾平凹自小孤独、荏弱，形成虚静观世的习性，也涵养了他柔韧的人格和柔美的文格。有人说：其作品中表现了"浓重的主观色彩"，"是渲染着诗的意境和情绪的散文化小说"。他不轻易认同群体，而是埋头走自己的路。

贾平凹的长篇小说内容独特，常引起各种争论。散文自成一家，追求平凡之美，抒发自我真情，多写山川风物、凡人小事，每每蕴含微言大义。其文字于流畅绚丽之中，略带一种山野朴讷之音调，还有轻微潜在的幽默感。《丑石》《月迹》《清虚村记》《入川小记》，均为脍炙人口的名篇。

《陕西小吃小识录》，连载于《西安晚报》，为贾氏在陕西各地觅食小吃，记下的美文。"序"中言道："幸喜的是近年来遍走区县，所到各地，最惹人兴致的，一则是收采民歌，二便是觅食小吃；民歌受用于耳，小吃受用于口，二者得之，山川走势，流水脉络更了然明白，地方风味，人情世俗更体察入微。"于是记下"小识录"，以便"重温享受"。

"跋"中畅言："吃是人人少不了的，且一天最少三顿，若谋道不予食吃，孔圣人也是会行窃的"，"当我在作陕西历史的、经济的、文化的考察时，小吃就不能不引起我的兴趣了。十分庆幸的是，兴趣的逗引，拿笔作录，不期而然地使我更了解了我们陕西，了解了我们陕西的人的秉性"。

羊肉泡，陕西最爱吃的美味。文中介绍了这种羊肉泡汤的制法："骨，羊骨，全羊骨，置清水锅里大火炖煮，两小时后起浮沫，撇之遗净。放旧调料袋提味，下肉块，换新调料袋加味。以肉板压实加盖。后，武火烧溢，嘭嘭作响。再后，文火炖之，人可熄灯入睡。一觉醒来，满屋醇香，起看肉烂汤浓，其色如奶。"

葫芦头。为煮猪大肠。史料载，经孙思邈相告，做成香气四溢之大肠。店家为感激孙思邈，特悬药葫芦于门首，由此得名。

岐山面。岐山县盛产麦，善吃面条。有九字令："韧柔光，酸辣汪，煎稀香。"韧柔光，指面条之质；酸辣汪，指调料之质；煎稀香，指汤水之质。

醪糟。醪糟重在作醋。江米泡入净水缸内，水以淹没米为度。夏泡八时，冬泡十二时。米心泡软，水控干，笼蒸半小时，以凉水反复冲浇，温度降至三度以下，控水，散置案上，拌曲粉，装入缸内，上面拍平，用木棍由上到底戳一个直径半寸的洞。然后，盖草垫，围草圈，三天三夜后醪即成。

凉皮子。夏天食品，冬日亦有售，将面粉制成面皮，又将晾晒干的面皮切成细条。加入焯过的绿豆菜，再加入调料盐、醋、芝麻酱，相拌而食。

浆水面。此食流行乡下，冬吃取暖，夏吃消暑。味淡，得其食物本味、真味。

柿子糊糯。临潼有火晶柿，去皮摘蒂，放入盆中捣成糊，加面粉，做成团，油炸而食。

粉鱼。非鱼，形似蝌蚪，用豆粉制成。粉鱼夏季可凉吃，滑、软、可口；冬季用平底锅热炒，色黄香喷。

腊汁肉。不是腊肉，汤煮而成。真正领其风味，以白馍夹着吃，即所谓"肉夹馍"。

壶壶油茶。用面粉，加上各种调料搅拌而成。装入有提手的长嘴水壶，沿街叫卖，为最佳消夜食品。

乾县锅盔。关中八怪之一，烙馍像锅盖。视之坚硬，食之却酥，愈嚼愈有味。

辣子蒜羊血。将制作的羊血，切成方块，并无许多汤，加入各种佐料。羊血鲜嫩，花椒、小茴香香味扑鼻，有治感冒之功效。

腊羊肉。用羊肉腌制而成。传说慈禧避难西安，尝此腊羊肉，食之大喜，特赐金字招牌："辇止坡"。

石子饼。同州人擅长此道。传说关中一农民有冤，地方不能申，携石子饼赴京申冤，时值大暑，此饼不腐不馊，人皆以为奇。

甑糕。即以甑做出之糕。棕色，以枣米交融制成。

钱钱肉。钱钱肉的下品为腊驴腿。钱钱肉之正品，由驴之生殖器炮制。此食盛产于陕西西府。

大刀面。最有名的在铜川。挥刀自如，面细如丝，水开下锅，两滚而熟，浇上干𤋮肉臊子，味厚食饱。

陕西，这块丰厚的黄土地，各地都有特色美食，贾平凹录入的仅十分之一还要少，且仅为他个人觉得好吃好喝的相关内容。即便如此，也让人读而生津，兴味无穷。

谈正衡：撰写民俗文化的有心人

　　一寸山河一寸金，一方水土一方人。人离不开养育他的乡土，人造就了绚烂的民俗文化。谈正衡眷恋乡土，热心民俗文化。他的一篇篇清新的散文，记叙了江南民风民情的生动内容。

　　1955年生于安徽芜湖的谈正衡，下过放，业过医，教过书，从事记者、编辑二十余年。他文笔舒朗、见识丰富，民间趣闻，人生感悟，雪地爪痕，全见诸其散文、小说、诗歌等作品之中。

　　黑白小巷，青瓦生烟，桥卧清波，垂柳依依。《二十八城记》，一本引人入胜的随笔记游，对木渎、锦溪、乌镇、西塘、同里、丁蜀、渔梁、查济、弋江、西河等二十八处历史悠久、风光诱人的名镇，作了如诗如画的描述，叫人读之难以释手。

　　《故乡花事》，专叙各种名花，借花写江南风情，绘地域标签。虽描绘的是绚丽的花卉，散发的却是人的精神芳香。

　　童年的梦是最温馨的乡思，童谣中则记录了儿时的生活情景，也饱含了人间的温情。《回味童谣思故乡》，用一首首乡村童谣，招引丰盈的乡村情愫，展现质朴的民间企盼。这些充满乡土气息的歌谣，或许能够抚慰我们因缺少对土地和作物的亲昵而变得越来越贫瘠的心灵。

《节气的呢喃与喊叫》，通过对全年二十四节气的嬗变及相应的民俗、美食的描述，串起对逝去的田园牧歌的追忆。二十四节气，是农时，亦是心情，更是一条文化血脉，从节气的呢喃与喊叫中，辛勤的人们耕耘收获，迎接来年的美景。

作者还出版有畅销书《梅酒香螺嘬嘬菜》《说戏讲茶唱门歌》《清粥草头咂咂鱼》。

饮食是人类生活中极重要的内容。饮食文化与民俗文化互为交融，为作者留下了丰富的写作空间。谈正衡既亲自下厨，做出江南的各色民间美食，也著有生动文字，品鉴乡间的美食，介绍其烹饪方法。

他的《味蕾的乡愁》，是一部介绍味觉感知的富有特色的专著。赵珩在为这本书写的"序"中写道："谈正衡先生这本关乎饮食的书，犹如暮春江南的清华水木，恰似雨丝风片的水乡风情。无论是村落里的炊烟，闾巷中的香味，直到时令的出产，应时的江鲜，都只有在江南才能体味其中的韵致。作者的文笔是平缓直白的，没有矫揉造作，读来舒服自然，会与喧嚣的世态，浮躁的心境形成很大的逆差，让读者得到一种少有的宁静。普通人，平常菜，淡然心，我想，这或许是本书的特点，也是具有更多亲和魅力的所在。"

作者在《味蕾的乡愁》的"自序"中写道："生长于水软风

轻的江南，我们的舌头总是柔软的，青花汤碗里喝尽前代好多辈子的味道，这就很容易让我们获得一种美食之外的品味和遐思。""人生百味杂陈，而味觉的乡愁，更有着切肤的深刻。中国文人的怀乡诗文中，'故乡的风味'总是抒写不尽的话题。鲈烩莼羹，情属江南，从知堂兄弟到郁达夫，到汪曾祺到陆文夫，到近前的车前子、沈宏非，说起口腹的往事，舌尖上泛起家乡的味道，笔下起着浓浓淡淡的忧伤，便成了脍炙人口的篇章。""风来雨去，山长水远，只有美妙而刻骨的家乡味道，会顽强地穿透过往的云烟，领着你回归久别的故园。"

是的，味蕾的乡愁，是人一生一世割弃不掉的。伏案写作的文人会就此留下许多情意绵绵的文字，让人读之，息息相通，感奋不已。

"江南美，能不忆江南？"江南鱼米之乡的丰饶与温润，最能显见于口腹之道。家厨与食府会搭起各自不同的景观。味道的厚薄，人情的冷暖，均融于其间，让我们很容易获得一种美食之外的品味与遐思。

全书分为"珍·馐""野·味""时·鲜""乡·气""食·间""酒·风"六部分。

在"珍·馐"中，《尝鲜无不道春笋》，是一篇记述饮食春笋的文字。郑板桥云："江南鲜笋趁鲥鱼，烂煮春风三月初。"如今鲥鱼绝迹，用江鲹煮春笋，却也别有一番滋味。银白玉的冬笋，其肉嫩白，招人怜爱。林语堂自小最爱吃的菜，就是

"冬笋炒肉丝，加点韭黄木耳，临起锅浇一勺绍兴酒，即是无上妙品"。袁枚《随园食单》收录一佳肴：冻豆腐加鸡汤汁、火腿汁及香蕈、冬笋久煮，其味鲜美。李渔称冬笋为"素食第一品"，甚至认为："肥羊嫩豕，何足比肩。"作者在广德一处农家乐山庄尝过一味冬笋名吃，将冬笋连壳埋入红炽炭火中，烧焖出香味，剥下笋肉，以辣酱芝麻油、葱姜汁蘸食，其味浓烈，风格独特。《春水新涨说芦蒿》，芦蒿是一种天生地长的野菜，散落在江滩、芦苇沙洲上。莺飞草长的江南三月，正是芦蒿清纯多汁的季节。入口脆嫩的芦蒿，辛气青涩，有一股撩拨人的蒿子味，配之干丝、肉丝、红椒丝，吃起来满口鲜嫩。《红楼梦》里那个美丽动人的晴雯就爱吃芦蒿，或许是寄托了她对江南桑梓故园的思念。

在《野·味》中，作者介绍了多种野生土长的菜肴，其味清新，惹人喜爱。《一虾更比一虾艳》中，专叙了江南的河虾。当青蚕豆上市时，一碟河虾炒豆米端上桌，艳红的是虾子，碧莹的是嫩豆，色彩养眼，食之鲜美。小龙虾，谷雨过后，街边餐店、路旁的大排档热卖的美食。一只只小龙虾，躯体通红，饱含汁液，冒着刺鼻的热气，时至半夜，仍然食客盈盈。《田螺脚的风味》，介绍田埂边、河沟内的田螺。"三指头捡田螺"，田螺着实好捡，唾手可得。养在水中，让其吐尽泥污，投入滚水中，去掉"仓门盖"，剔尽螺尾胃肠，挑出尾足，切成薄片，舀上点酱豆子，涂上磨大椒，淋几点香油，置于饭锅上蒸，除略有泥腥味外，味道的确不错。《石鸡与"土遁子"》，石鸡为皖南山珍名菜，体形与青蛙有些相似，湿漉漉，黑乎乎，体显肥硕，皮肤粗糙，去掉头与脚趾，去掉内脏，加上香菇，煨成白汤，滋补益人。《漂鱼之烩》，专叙奎湖漂鱼的制作。正宗奎湖漂鱼，用奎潭湖产鳙鱼三斤，用一锅红汤煮沸，色彩光亮，辣而不腥，入口串鲜，口味悠长。《鸡头菜，民间的话本》，记叙江南水乡常食用的一种佳肴。鸡头菜，又称"鸡头苞梗子"，遍布乡下大小池塘。鸡头菜多为清炒，将其折成寸段，洗净，用刀拍扁拍裂，入盐稍摇，与红椒丝、蒜泥爆炒，吃起来脆生生的，还沁出幽幽的清香。

在《时·鲜》中，《"菰羹"最下"雕胡饭"》，介绍茭白的烹饪方法。菰就是茭白，广生于长江流域。在太湖一带，与莼菜、鲈鱼并称为江南三大名菜。茭白适用于炒、烧。酱烧茭白、茭白炒肉片、肉糜红焖茭白，都是美味。茭白还可蒸食，微甘中带有一股清杳，食之难忘。《供人五脏庙的荸荠》，写荸荠的食法。荸荠原产佛国印度，圆肚中间凹下一个佛印，又称"菩脐"。荸荠应是乡村品格的水果。可剁碎拌入肉糜中，做成大肉丸，咸中有甜，色香味均好。《长毛的豆腐》，介绍徽州名菜毛豆腐的烹饪技术。毛豆腐不趁豆腐新鲜吃，而是让豆腐发酵，长出了毛，才油煎吃。毛豆腐除了煎以外，还可油煎后，用笋干冲汤，也是一道鲜醇可口的徽州名菜。《霜天烂漫菜根香》，一种叫杆子白的大白菜，其菜梗是做香菜的来源。每年冬季，皖南各地都时兴做"香菜"，装入小罐中，开罐时，满室生香，令人大快朵颐。《深藏白根的水芹菜》，江南水乡，人们都爱食水芹，除口味清香外，还图其茎空，寓有事事通达的吉祥之意。芹菜炒肉丝，香气诱人，荤素相宜。

在《乡·气》中，《故乡风味》，描述故土美食，富有浓郁的乡味。炸藕圆子，圩区水乡的美食。搓好的藕圆子下油锅氽制，顿时满屋飘香。咸鸭蒸糯米饭，雪白饱满的糯米，深红油腻的鸭肉蒸煮小段时间，未待入口，浓烈清香，顿时令人垂涎。糟鱼，腊月农家特制的家肴，将鱼斩头去尾，切成块状，每一鱼块上盖糟一层，撒上花椒，逐层放入坛内，压紧。十天、半月后，便能闻到香味，鱼肉成深红色，甜中带咸，透出阵阵醇香之味。糯团，糯米粉蒸制而成。乡间还用木杵"打"出糍粑糯团，可用青菜汤下着吃，也可与腊肉一块炒着吃。蒿子粑，用蒿子嫩梢头与糯米粉，做成粑粑吃，色泽青中泛黄，食之满嘴清香。《还有江南风物否　春馔妙鱼是江刀》："扬子江头雪作涛，纤鳞泼泼形如刀。"这是清代诗人清端对长江刀鱼的描绘。刀鱼形体狭长，扁平似刀，亦称"鲚刀""毛刀"。烧法有清蒸、油炸两种，新鲜可口，暗香荤荤。《如闻有咬喋之声的琴鱼茶》，琴鱼为泾县琴溪的特产。将捕获的琴鱼除去内脏，投入佐以茴香、茶叶、食糖的盐开水中炝熟，捞出晾干，再以炭火烘焙，精制成琴鱼干，贮于锡罐中，逢年过节沏茶时，放入少许，茶汁鲜美。《四月芳菲　我为卿狂》，四月芳菲，为野菜生长季节。

野水芹，长于半阴半湿的潮湿地，无论清炒，还是与干丝同炒，都能吃出一种水泽的清芳。草头，通称苜蓿。一盘青翠欲滴的酒香草头，和艺术品几乎没有差别，一见之下，让人为之动心。雨后的蕨菜生长，采回，用水一烫，加些青椒丝，油炒。食之，有一种山野的绵长回味。《蕾丝网裙的奢华妖艳》，指的是生长于山间的竹荪，它是寄生于枯竹根部的一种隐花菌类，被称作"雪裙仙子""真菌皇后"。皖南与浙西山区都是盛产竹荪之地。竹荪和老母鸡一起煨汤，其味透鲜，可谓人间一大美味。《鲢子头 鲲子尾》，用鲢鱼头作鱼汤，白嫩丰腴，油而不腻。鲲鱼是鱼中武士，其尾力气最足，尾巴轻轻一搅，即成一个超级大旋涡。鲲鱼的尾巴结实饱满，肉质可口。鲢子头、鲲子尾，均为鱼类的上等食材，可红烧，亦可煮汤，其味均受人推崇。

　　在《食·间》中，《此鹅非彼鹅》，专叙江南风鹅。江南人素有食鹅风俗，特别是风鹅，亮汪汪的，流光溢彩，蒸而食之，味道醇美，愈嚼愈香。《在清香的绰约里暗自销魂》，写荷叶的多种用途。夏日可用来摊晒小咸鱼，也可煮荷叶粥，食之胃口大开。平常还可用荷叶蒸糯米饭，淡淡荷香，直沁心底。馆店里，用荷叶包叫花鸡，亦可包排骨，做出的食品，风味超凡，令人酷爱。《那些酸甜酸甜的桑果子》，桑果子，学名桑葚子。一颗桑果子由很多桑籽簇拥而成，桑籽比针尖大不了多少，包着厚厚的肉。成熟时，呈深紫色，味道酸甜，小孩最爱吃。《大煮干丝的阔绰风范》，记特色小吃煮干丝。白干子切成丝，配以熟虾仁、火腿丝、黑木耳等。清而不素，味道醇和，正是江南餐馆中不可或缺的早点美食。《只缘感君一回顾》，写江南名肴苏式熏鱼。鱼味偏甜，甜得如同吴侬软语，鱼肉香脆且韧柔，极耐咀嚼。《"狮子头"，一种即食的快意》，记叙扬州名肴"蟹粉狮子头"，一种特色汤煲，盖子揭开，十余个"狮子头"在上下浮动，似豆腐一般柔软，咬上一口，鲜嫩无比，滋味绵长。《口福与幸福原来如此接近》，写鸭子的烹制方法。北京全聚德有烤鸭，南京有板鸭，武汉有酱鸭，各具其美，风味独特。芜湖街头卖红鸭子、白鸭。白鸭，卤出来的；红鸭，抹上糖稀，烤出来的。两种鸭子各有特色，都值得品尝。《猪尾巴舌尖上的舞者》，猪尾巴，猪身上最有潜质的部位，"皮包骨""皮打皮"，卤菜摊上称"节节香"。烹制时，将猪尾巴切成小块，与黄豆一起煮，入口酥烂，光泽诱人。《石耳既有精彩也有忽悠》，石耳、石鸡、石斑鱼，被称为山珍野味的"三石"。石耳长在山崖石壁的悬岩上，只有采药农身怀绝技，才能采摘到。原汁老母鸡汤，放入一些石耳，绵软醇鲜，过口难忘。

在《酒·风》中，《我的徽州　我的馃》，徽州风情八大怪中有"烙饼石头压起来"，指的就是徽州的名小吃"徽州馃子"。街头食摊上，平底锅里，正煎着扁平面饼，上面压着油光滑亮的黑砖头，面饼吱吱作响，直冒着油，香气随风四溢。石馃集香、黄、酥、脆为一体。胡适说过：最爱吃的食品就是这种徽州馃子。《昨夜灯火昨夜风》，江南街头小吃，花样繁多，美不胜收。其中油炸臭干子、油炸腰子饼，各有特色，为人们常用的美食。臭干子经油一炸，外面一层焦亮，内里都很白嫩，浇上红方椒酱，一口咬下，爽极了。芜湖的腰子饼内放的是萝卜丝，也可放藕丝。吃腰子饼清香、悠闲，是人生难得的舒适。《这蛹不是那幺蛾子》，浙江南浔、乌镇一带，为丝绸之乡，人们皆爱食蚕蛹。当地有"七个蚕蛹一个蛋"之说，将蚕蛹视为极富营养的一种食材。把蚕蛹投入油锅，葱段爆炒，又香又脆，口感极好。《蒸饭包油条年代》，蒸饭包油条是大众文本，江南城镇百姓的朝食。蒸饭现蒸现做，包上金黄的油条，就是清晨美美的一餐。《米面应犹在 疑是故人来》，米磨成粉，可做成米线、面皮、米粉。云南的过桥米线，已风行全国，成为闻名的美食。米线有多种烹制方法，卤、炒、煮均可，还可与其他食材配成牛腩粉、鱼丸粉、叉烧粉、酸辣笋尖干拌粉，林林总总，不一而足。米线滑如绵丝，颇有风味。《乡野上的甜润》，论乡间田野上的各种野果。梦果子、癫葡萄、甜梯、野荠子，种种天工栽下的果食，味道甜润，尝到大自然恩赐的美味，顿觉清新难忘。

　　谈正衡见多识广，阅历丰富。他笔下的乡间美味，既呈现了一方水土的世俗风情，也让读者领略到了江南如诗如画的美好景色，读之令人赏心悦目，既增长了见识，又收获了美感。

朱振藩：现代食神的美馔之作

朱振藩，原籍江苏靖江，生于基隆，宋代大儒朱熹的第二十一世孙。平生雅好文史，醉心于美酒佳肴，以"爱吃、敢吃、懂吃"著称。品尝过五万道菜、千种美酒，设计过《红楼梦》宴、"张大千"宴、"随园食单"宴，不仅钟情于美食，还撰述美食文字，在多家报刊开设美食专栏，出版美食著作四十余种，有《美食家菜单》《食在凡间》《食随知味》《痴酒》《味外之味》《味兼南北》《饕掏不绝》《食的故事》等。曾任亚洲饮食文化研究所所长，有"食圣""现代食神"等美誉。

我国幅员辽阔，各地都有特色产品，烹制成风味不同的佳肴。朱振藩走南串北，读千卷书，行万里路，见多识广，品各地美食，撰四方佳肴，留下多篇推介当地美食的随笔，读来让人唇颊留香。

四川是天府之国，其郑关地区短河道里，产有一种小鱼，名为退秋鱼。这种鱼捕捞期短，数量甚少，出水即死，无鳞却味美，是一种难得的好食材。清晨一网上鱼，即下锅烹调，味鲜肉嫩，人们极为推崇。

塞外的名点小吃"驴打滚"，盛行于东北地区，辽宁最善制作，正名叫"豆面卷"，北京称"豆面糕"。其做法：将黄米浸泡淘净，置簸箕中，将水滤干，磨粉炒熟后，用碾子轧成面团，入笼蒸熟，再把熟面团掺粉擀成薄片，然后自一端卷起，边卷边撒豆粉，由于最后一道工序像毛驴在沙地打滚，因而得名。此食品，色呈金黄，味香甜不腻，口感则软黏带爽，实为敬客与自奉的佳品。

金钩挂玉牌。贵州的一道家常菜。用切片的白豆腐或水豆腐（即豆花）煮黄豆芽，纯用清水煮，不放任何作料，仅放些盐，保持豆腐鲜嫩。制作简易，清芳馨逸，特别在三伏热天，吃起来让人清心气爽。据说三百多年前，贵州才子潘福奇参加省试，主考官问他家庭状况，潘答："父，肩挑金钩玉牌沿街走；母，在家两袖清风挽转乾坤献琼浆。"从此，这市井小食，就有了"金钩挂玉牌"的美名。

"炸响铃"，杭州的一道传统名菜，用当地特产东坞山豆腐衣卷猪里脊肉干炸而食。色泽金黄，形如马铃，香甜爽脆，为下酒之好菜。素食者改用笋末、马铃薯丝、香菇末做馅，炸成响铃，风味可餐。

卤鳝面，无锡名馆"聚丰园"精心制作的佳肴。将鳝鱼划成宽条，在盐、酒、酱油里浸泡三小时，滤干后入滚油快炸，微见焦黄，浇入糖酱汁，让汁水悉数被鳝肉吸收，然后放汤大煮下面，现炸现吃。做此菜之诀窍在汤量的掌控，汤少卤面成糊，汤多鱼鲜则不足。中汤料足，馨香味美，香溢四座。

麻萨末，闽南语，或称"麻杀目""麻虱目仔"，指一种海产硬骨鱼类。其料理方式多种多样，炖蒸卤炸，煎煮烤熏，制粥米粉，应有尽有。既是民间常用小吃，又作盛宴美味佳肴。虱目鱼生是一道可口的凉菜。将虱目鱼摘油去皮后，以冰镇之，再用大菜刀窝切，尽去鱼刺，划成极薄鱼片，实为人间难得之美味。

豆腐泥鳅，又称泥鳅钻豆腐。贵州铜仁至今仍流传一则民谣："黔东奇事不胜数，严家泥鳅钻豆腐。"依黔菜的做法，此菜有混汤法和滑熘法两种，各具滋味，均妙在爽滑适度，诱人食欲。泥鳅虽其貌不扬，但肉质细嫩，有极高的营养价值。

上海被称为中国的经济首都。自鸦片战争后，上海便对外开埠，发展极为迅速，号称"十里洋场"。在频繁的对外交往中，促成中西文化交融。在饮食制作上，亦出现了中西并蓄的"海派菜"。"贵妃鸡"则是其中一道名肴。

"十里洋场贵妃鸡"。制作此菜，先将鸡翅入炒锅中，煸炒至断血，倒入漏勺。把京葱段煸成金黄色，再将鸡翅回锅，加料酒、酱油、清水、糖及拍松的姜块，一起煮沸，撇去浮沫，倒入砂锅，加盖封严，微火焖炖。拣去姜块，改用大火收汁，倒入红葡萄酒，原锅上桌就食。口味馥郁，确为妙品。

我国饮食文化，源远流长，其中有不少与名人有关的故事，可传为饭后美谈。

　　雪球愈滚愈大，钱财愈滚愈多，而米面点，则愈滚愈可口。清代《燕都小食品杂咏》中有一首小诗："红糖水馅巧安排，黄面成团豆里埋。何事群呼'驴打滚'？称名未免近诙谐。"诗附原注："黄米黏面，蒸熟；裹以红糖水馅，滚于炒豆面中，成球形，置盘售之，取名'驴打滚'，真不可思议之称也。"民国初年，长汀基督教英籍女传教士詹嘉德，在一教友家，尝到此美点，称赞不已，用长汀土语说了一串顺口溜："马打滚，马打滚，愈滚愈甜，愈甜愈滚，一口一个，边吃边滚。"一时传为美谈。长汀乡间，家家都会制作这道点心，除自家享用，还馈赠亲友。

　　"徐州啥汤"。"啥"与"饦"同音，指的"雉羹"。相传唐尧在位时，患病久治不愈。篯铿不辞辛劳，打了几只野雉，进奉帝尧。尧饮罢雉汤，身体逐渐康复。这是我国文字记载的调味羹，被称"天下第一羹"。

　　山东临沂有一名吃，叫"鸡糁"。此食品与东晋大书家王羲之有关。据说，王羲之蛰居琅琊（即今临沂），认真好学，苦读至夜半才休息，其妻为他做鸡糁，让他当夜宵吃，以补养身体。所谓"糁"，依《礼记·内则》载："糁，取牛羊豕之肉，三如一，小切之，与稻米；稻米二、肉一，合为饵，煎之。"意将牛羊猪肉分为三等份，切成肉末。将米粉调成干湿粉，摘成小坯，压成薄片状。用两块米粉片包裹一份肉末，做成饼状，入油锅煎熟。此食品香脆可口，耐人咀嚼。

如今，进京定会品尝全聚德烤鸭，此为京城一大名食。全聚德创于清同治三年（1864）。天津蓟县人杨寿山顶下倒闭的干鲜果铺"德聚全"，将原字号倒过来，成"全聚德"，经营烧鸭、烧驴肉，聘用名师，提升烧鸭档次，成了著名的烤鸭店。据说，乾隆皇帝爱吃烤鸭，下江南时，行宫备有烤炉，供应烤鸭就餐。"京师美馔，莫妙于鸭，而炙者尤美。"长期以来，北京烤鸭成了闻名大江南北的佳肴。

潘鱼与西湖醋鱼一样，为一道名菜，发明人据说是苏州潘祖荫。其祖父官至大理寺卿。潘祖荫为京城名馆"广和居"常客。一天，突发奇想欲将鱼羊肉合烹，味应极为鲜美。他命厨师先将羊肉熬汤，再将活鲤鱼同炖，果然其味不凡，饭店便将这道菜命名"潘鱼"，以招徕食客，留下一段名菜与名人的故事。

郁达夫是一位才子，也是美食家，他用餐可食斤把重的鳖，还可食整只童子鸡，还可饮一斤绍兴酒或一瓶白兰地。他还爱食鱼炖火腿、炒鳝丝等菜肴。他曾在福州生活过，对福州佳肴赞誉有加，写下脍炙人口的美文《饮食男女在福州》。"西施舌"是一种海蚌，为福建长乐的特产，壳大而薄，呈椭圆形，"水管特长而色白，常伸出壳外，其状如舌，故名西施舌。"早在南宋时即为饕客眼中之珍品。胡仔《苕溪渔隐丛话》中，引《诗说隽永》："福州岭口有蛤属，号西施舌，极甘脆，其出时天气已热，不可致远。吕居仁有诗云：'海上凡鱼不识名，百千生命一杯羹。无端更号西施舌，重与儿曹起妄情。'"到了明代，仍受文士们推崇。屠本畯的《闽中海错疏》云："沙蛤上肉也……似蛤蜊而长大，有舌白色，名西施舌，味佳。"王世懋的《闽都疏》亦云："海错出东四郡者，以西施舌为第一。"周亮工的《闽小记》载："闽中海错西施舌，以色胜香胜。"郁达夫对西施舌赞不绝口，认为：西施舌"色白而腴，味脆且鲜，以鸡汤煮得适宜，长圆的蚌肉，实在是色香味俱佳的神品"。

周桂生的太爷鸡是一道名菜，热食固然不错，冷食亦别有风味，其创制者为周桂生。周氏原籍江苏，清末曾在广东新会任县令。辛亥革命后，生计日艰，动手开起餐馆。他制作的太爷鸡，取信丰的良质母鸡，先氽后卤再煮，接着用香片茶叶、广东土制的烧糖屑、米饭等，熏制而成，以色泽枣红，光洁油润，肉嫩醇香，含有浓郁茶叶清香而著名，是一款佐餐下酒的珍馔。此菜因茶香透骨，又名"茶香鸡"。

蜀人张爰（大千）书画精绝，亦擅烹饪，自言："以艺术而论，我善于烹饪，更在画艺之上。"他对食材的选用和做法，均极讲究，不仅指挥大厨操作，自己也亲自下厨。有人说："若以绘画是张大千的经，那么美食则是张大千的纬了。"大千天性好客，只要说到吃，精神就来了。他亲炙诸般美味，如酸辣鱼汤、木耳生炒牛肉片等，还创制了"手抓鸡"，成为"大风堂"名菜之一，还将湘菜"辣子鸡丁"转换成川味的"大千子鸡"。他的菜单成了食家及收藏家搜罗的珍品。一些餐馆亦按照大千菜谱兴办"大千宴",成为食林的经典。

佛跳墙,闽菜中的首席年菜。"佛跳墙"一词,最早见于宋人陈元靓的《事林广记》,其雏形来自明代宫廷的"烩三事"。太监刘若愚所撰《酌中志》云:"先帝(指明神宗)最喜用炙蛤蜊。……又海参、鳗鱼(即今之鲍鱼)、鲨鱼筋(即鱼翅)、肥鸭、猪蹄筋,共烩一处,名曰'三事',恒喜用焉。"这个小火慢煨的宫廷大菜,最后进入寻常百姓家,成了名肴"佛跳墙"。连横在《雅言》中谈道:"佛跳墙,佳馔也;名甚奇,味甚美。"此菜清末传入台湾,在当地被奉为上品。

炒豆莛是极为寻常的一种蔬菜,然而却被厨师临机制作,成了佳肴。传说乾隆将公主下嫁孔府。下江南时,亲临曲阜探视女儿。孔府为迎皇上,令后厨炙制佳品。厨师灵机一动,将绿豆芽掐去头尾,滚水一焯,再用几粒花椒爆锅,然后将豆芽略加煸炒,装盘上桌。此菜冰肌玉质,清新大然,乾隆食之,大加赞赏。

用豆制品制成的各种素食,取名典雅,佛门色彩颇浓,色香味形俱佳。厦门名刹南普陀寺设有素食馆,所制"半月沉江",为吸引食客的一道名菜。此菜将面筋摘成柱形,置锅内用花生油炸成赤色,滤去残油,浸沸水中泡软,切成圆片,再放入水中加各种佐料精制而成。所有汤料须鲜清可口,是一道十分典雅的素食,有养生保健之功效。

池莉谈《吃好不易》

池莉，当代著名作家，武汉市文联主席。其中篇小说《烦恼人生》曾获《小说月报》百花奖、《小说月刊》优秀中篇小说奖，成为"新写实派"的代表作。

她在《吃好不易》这篇论食随笔中写道："能够活到今天，认真一想，其实是吃来的，可再认真一想，也有说不出的惆怅，尽管几十年如一日地在吃，却并不见得有几回吃好了。"做知青，在广阔天地炼红心，谈不上能吃好。"再后来，读大学，进机关，住单身宿舍，吃集体食堂，所有菜肴都是大锅煮熟撒一把盐，谈不上什么烹调，想想长了这么大一个人，一直都是在果腹而已。"

幸运的是，池莉母亲家比较殷实，人有了钱，是不可能不讲究吃的。中国有句俗话，叫化子都有三天年。她的外公从腊月二十八那天晚上开始，到除夕夜，是不睡觉的。二十八晚上必须开油锅。湖北管油炸叫做"发"。这一天必须发。外公烧起大油锅，发大小肉丸子，发鱼，发藕夹，发花生米，硕大的篓提篮，装得满满的，高高地挂在厨房的吊篮上，散发着诱人的清香。

湖北是千湖之省，又有大江大河，鱼就自然很多，清蒸鲫鱼，是其中的一道美味。家里的厨子挑一担火炉去湖边，鲫鱼一出水，厨子就地剖了上蒸，再一路小跑挑回来，清蒸鲫鱼正好上气，揭锅就吃，那真正是人间美味；外公做的鱼丸子，也别具风味，碗里是清清爽爽撇去浮油的高汤，鱼丸子雪白，圆润，飘一层在高汤面上，其间星星点点的是翠绿的葱花，影影绰绰的是金黄的小磨香麻油。鱼丸子鲜香滑嫩，细腻入微，高汤微酸，意味盎然，健脾益胃。

若要吃好，餐具也是断然不可忽略的。重庆北峰的象牙白瓷器釉如牛乳，盛上各种色彩的菜肴，颜色悦目，让你平添几分食欲。

吃饱与吃好完全是两码事。若要吃好，不单是吃什么菜，关键在于怎么吃，吃的食材，吃的环境，吃的氛围，都属于吃好的不可或缺的要素。

人生不仅在于吃饱，更重要的是应当吃好。

让我们为每顿的吃好而认真付出。

余斌：教授笔下的饮食文化

余斌，1960年生于南京，现为南京大学文学院教授，从教之余，喜爱美食。他著有阐述家乡美食的饮食文化随笔《南京味道》，还撰有描摹各色风味、趣品、百态世相的文集《吃相》。

川菜中的鱼香肉丝，是一道特色佳肴，它和宫保鸡丁、麻婆豆腐、酸菜鱼一起，成为餐桌上常出现的、食客十分欢迎的美食。鱼香肉丝，其实用料中并没有鱼。所谓"鱼香"，指的是味道，像做鱼一样地炒肉丝。四川人做鱼，多用泡生姜、泡辣椒、郫县豆瓣酱，还放大量的葱，做鱼香肉丝这几样不可少，炒出的味道自然会有鱼香味了。

不分东西南北，餐桌上的虾都会被视为美味。醉虾是烹饪虾的一种方法，大多为南方人的吃法，以江浙一带最普遍。虾的制作方法有盐水虾、油爆虾、炒虾仁、青椒炒小虾等，这些都是熟食。醉虾却是生食。将活虾洗净，以酒醉之，一盘醉虾端上桌时，虾子还在蹦跳。醉虾用的酒最好是绍兴黄酒，略带甜味。黄酒的温和更能令虾的鲜味尽出。

蟹，一味鲜菜，南方人对此尤为钟情。螃蟹正是毁稻伤田的好手，元史中就有"蟹厄"的记载："吴中蟹厄如蝗，平田皆满，稻谷荡尽。"有关吃蟹之事迹亦"史不绝书"，最远记到西周，往后隋炀帝酷嗜此味，东晋名士毕卓"右手持酒杯，左手持蟹螯，拍浮酒船中，便足了一生"。至宋代，北方的汴梁食蟹已成时尚。上海人爱食蟹，而且重在慢工品味，从上海坐火车到乌鲁木齐，上车伊始，便食一只蟹，直到下车，才吃完。上海人还把别的食品与蟹联系起来，有种名烧饼，特别酥脆，刚出炉时近于蒸熟的螃蟹色，故名"蟹壳黄"。还有一道家常菜，叫"蟹黄蛋"，其实就是炒鸡蛋，炒时加上姜末和醋。

中国人的饮食中少了豆制品是不可想象的。豆腐乳就是豆制品的衍生物，由腐乳坯发酵而成。所谓发酵就是霉变，因此有的地方将豆腐乳叫作"霉豆腐"。以豆腐乳的颜色分，有红、黑（青）、白三种。用盐卤则为黑色或青灰色，用红曲素则为红色。

凉粉，兼指多样的制品和吃法。不论原料如何，大米，豆类（豌豆、绿豆等）、薯类、面粉（小麦、荞麦），做出来都可以"凉粉"相称，在西北更普遍的是称其"酿皮"。街头叫卖的刨丝凉粉，爽滑可口，才是地道的凉粉。凉粉还可"标配"，加入蒜水、醋、麻油、精盐、酱油，外加切碎的什锦酱菜或榨菜，更加提味、清爽。

水磨年糕，"水磨"者，指将米加工为粉的方式，要比石臼春出来的米粉更细滑更有弹性。水磨年糕的形制一般为扁扁的条状，不论是汤煮或炒食，均切成片状。炒年糕以青菜、肉丝为配料，也可与冬笋、雪菜相配。桂花年糕是一种清香可口的甜食。

山芋，农家冬日常食的物品，亦可充作主食。烤山芋是城乡街头的零食。南京叫"烘山芋"，北方叫"烤红薯"。红心山芋在炉中烤熟，黄里透红，甜而绵软，吃在嘴里，十分舒畅。

月饼，一种节令食品，中秋一到，市场充斥月饼。月饼大宗分广式、苏式。广式内馅丰富，有"五仁""枣泥""莲蓉""双黄"，近来越往"冷艳高贵"上走，出现了"鲍鱼月饼""鱼翅月饼""蟹黄月饼""燕窝月饼"，价格高昂，让人望而却步。

在交通线上一路行驶，除了饱览风光，还可购买沿途土特产。例如沪宁线上，从南京上车，自然可以带上南京板鸭和咸鸭肫。在无锡可以买一篓油面筋，还可以购上肉骨头。在苏州有大名鼎鼎的卤汁豆腐干，惠而不费，货真价廉。常州的枣泥麻饼，用纸筒装，玫瑰豆沙馅，四面皆芝麻，香甜可口。上海老大房的奶油蛋糕，新鲜香美，自然不是凡品。

中国人讲究饮食，在饮食文化上自然有许多可圈可点的故事。余斌在《吃相》中，记下许多精彩内容，给读者留下难忘的记忆。

龙其霞笔下的食俗趣闻

龙其霞，女，祖籍桐城，其远祖龙汝言，为桐城的最后一位状元。毕业于芜湖师专中文系，读书时便擅长写作，其作品《草儿青青》，荣获全省大学生作文竞赛一等奖。2008年，将报刊发表的数百篇作品遴选一部分，结集为《迟开的水仙花》出版。《自序》中云："我写文章，也是付出自己的真情。有所思，有所感，坦诚地表白，不刻求华丽，不追逐时髦、矫情和卖弄。"她以女性细腻的体察，反映生活中阳光的一面，发出人性的呼唤，小鞭挞社会上令人不快的陋习。作品篇幅不长，但朴素婉转，散淡亲近，颇受读者欢迎。

龙其霞热爱生活，经常用其多彩之笔，反映生活中的趣事、新鲜事。饮食是生活中不可或缺的内容，因而在她的作品中多次得到描绘。她的散文随笔集《迟开的水仙花》的第六辑"餐桌风景"中，多篇涉及桌边发生的趣事。

《让座》，这是聚会时常会发生的现象，每个食客都会你让我，我让你，将上座以及两边的次上座，让给他人。这时，显得十分谦和与文明。作者写道："其实，关系很好的朋友聚餐，是没有这些拉拉扯扯的客套。客套是礼节，也是距离，更是生疏。"该文最后，作者点明："餐桌上也好，集体拍照也好，繁文缛节，人人遵守，都是谦谦君子。但是遇上提拔晋升，个个使尽十八般武艺，'挡人'（当仁）不让。"作者对世俗中那种追名逐利之恶习，给予无情的讥讽。

《吃相难看》，专门针砭用餐时，只顾自己暴食，不顾他人在场的狼狈相。文中写到接待两位某国客人，上了"金屋藏娇"一道菜，是鸡蛋蒸鲫鱼，待主人讲完"金屋藏娇"的故事，两位客人来不及地将两条鲫鱼捞入自己碗中，毫不顾及作为客人应有的文雅与礼貌。

年轻时的往事，往往会留下深刻的记忆。在《犹记当年"画兰草"》中，作者写道：当馋虫来袭时，几位同事就来一番"画兰草"的游戏。兰草长有数片绿叶，每片叶的底部分别写有付款数字，有多有少，将根部数字遮住，每人认一片绿叶。尝餐时，按数字付款，这种聚餐方式，场面热烈，皆大欢喜。

龙其霞对家乡的民间饮食，记忆犹新，著文详作介绍。《千里飘香》是芜湖的一道特色家常菜，做法简单：腌好的咸菜暂不吃，放在坛里让其沤，沤至菜烂水臭，将适量烂菜置入大碗中，再将豆腐切开放入，搁上水辣椒，浇上菜油，置锅中烈火蒸熟。化腐朽为神奇，味道可口，极宜下饭。

儿时的情景，总会长留心中。龙其霞在《小学门口的零食摊》，记述了读小学时，校门口的各种零食摊贩，有葵花籽、五香螺蛳、蛮炒蚕豆。每天上学前都要找母亲，要两分钱或三分钱，以满足自己的馋欲。路上还有卖糖的商贩，挑糖担的汉子，往往在罗盘上做手脚，指针总是指不到糖人上，让孩子一次次地失望。为了使孩子不至于太失落，那汉子就用篾签挑一点糖稀给孩子。

《卖螺蛳的老人》，记叙一位瞎眼老人卖螺蛳的故事。每当听到老人的叫卖声，便从家里拿着一只小碗，买五分钱或一角钱螺蛳，静静有味地吃着，这是孩子最惬意的时候。作者写道："小时候我最爱吃的便是瞎子老人卖的冰糖五香螺蛳，那螺蛳，香喷喷，甜丝丝。""吃时将螺蛳对着嘴巴，猛吮一下里面的汤汁，然后用一根细细的篾签挑开螺蛳盖，再掏出螺蛳肉，放在嘴里慢慢品味，半天舍不得咽下。""当我假日再次回到故乡小镇，街头街尾仍有各种卖小吃的，等了半天，独不见瞎眼老头。经打听，得知老人已经辞世。""江南水乡，小沟内，水塘中，都长有螺蛳。捞些螺蛳，放点盐，煮熟，是最方便的小食。老人卖了一辈子螺蛳，没有成家，无儿无女。为此，母亲连连为他叹息。"

"是的，他的一生不能称是幸福的，活着也从不被人注意，但他是生活的强者，一个自食其力的真正的强者。""假期很快就结束，虽然未吃到冰糖五香螺蛳，脑海中却几次断断续续地闪现儿时买螺蛳的情景和那卖螺蛳老人的身影。"作者最后写道："我，怀着说不清的惆怅，离开了故乡。"

《卖螺蛳的老人》，写的虽是吃冰糖螺蛳的寻常小事，却勾画出了一位自食其力的、令人敬重的平凡老人，通篇闪烁着人性光辉，表达了作者对下层劳动者的浓厚敬意。

龙其霞的饮食散文，婉转多姿，富有民俗色彩，凸显出江南的民俗风情与彼时彼地的人文特征。

戴爱群：美食圈中的资深记者

戴爱群，美食圈中闯荡二十余年，做过美食记者，经营过餐馆，最后成为职业美食家，出版过数本谈美食的书，有《舌尖上的舞蹈》《春韭秋菘》《口福》等。书中告诉大家身边有哪些菜值得一尝，其精妙之处何在。所介绍的菜肴，都是作者反复品尝、斟酌后选定的，无耳餐目食之弊，无故弄玄虚之笔，简单实在，让人受益。

《口福》一书中，从鲁、苏、川、粤、京、沪、湘、闽、徽、浙十大菜系中，遴选出一百道名菜，主要是传统经典之作或地方特色浓郁之菜品。介绍的角度涉及原料、技法、口味，还有历史、地理知识、风土人情等。读者阅后，既可认识美味佳肴，又可增加文史常识。

第一章鲁菜，首先介绍的是葱烧海参，这是一道著名的、有代表性的传统鲁菜，无论哪一家鲁菜名餐馆，还是哪一位鲁菜名厨师，如若拿不下这道名菜，便"枉担了虚名"。既名为"葱烧"，葱在菜中占有特殊地位。用葱时，要选大葱靠近根的部分。烧制海参应本着"有味者使之出，无味者使之入"的原则。海参飞水，入鸡汤，加佐料，微火上燋五分钟，剩三分之一汤汁时，改用旺火翻炒，其难度在既要使海参入味，又要让海参保持弹性。

油焖大虾，也是鲁菜中的传统佳肴。选料考究，应为东南亚产的野生大虾，肉紧实，饱含膏黄，煎成金黄色，皮脆而不糊，透出香味，要把大虾的所有优点发挥得淋漓尽致，虾肉、虾膏、虾黄各尽其味，美不胜收。

第二章苏菜。清炒河虾仁，苏菜中一道人人爱食的家常菜。选料最要紧，必须是河虾，还要手工活剥。新鲜与否，口味咸淡，火候老嫩，都必须掌控得当。还应用猪油炒，炒出的虾仁色泽白亮，腴美润滑。虾仁剥出后，需用鸡蛋清、精盐、黄酒、干淀粉上浆，这样清炒出的虾仁才鲜美腴嫩。

芙蓉蟹粉。蟹是河泽地区一道受人欢迎的美味。蟹粉本身不贵不贱，却能"百搭"，贵可配鱼翅、鱼肚，廉可配十丝、菜心。此菜芙蓉（滑炒得极嫩的蛋清）滑嫩爽口，蟹粉香而不腥，做法简易，关键在于食料的新鲜。

拆烩鲢鱼头。中国人喜食鱼头。浙江有砂锅鱼头豆腐，湖南有剁椒鱼头，广东有郊外大鱼头。鱼头之美首推鱼唇，丰腴润滑；其次鱼脑，玉髓琼膏，其次鱼眼下边一弯"月牙"，脂腻细嫩又有纤维质感，堪比蟹螯。总之鱼头的各部分均为美食之材，烹调食之多滋多味。

第三章川菜。酸菜鱼肚是一道特色川菜。酸菜和鱼肚配搭，一酸一鲜，味道上达到互补。口感上一脆一糯，二者食之，恰到好处。酸爽脆香，十分可口。

干烧鱼。干烧不仅是川菜的一种主要技法，还是一个重要味型。其实，干烧并不"干"。烧时有汁，吃时软嫩，主料入味后，不勾芡，让旺火将汁收到近乎"干"。传统干烧鱼，用的是岩鲤，产于岷江、嘉陵江、大渡河上游的深水岩石间，鱼质鲜嫩。

漳茶鸭子，川菜文化的代表作，工序繁复，其中最重要的是以花茶、樟叶、柏枝锯木熏制，形成特殊风味。

宫保鸡丁，一道以官衔命名的菜品。《中国烹饪百科全书》将宫保鸡丁列为川菜之首，足见此菜受重视之程度绝非一般。

第四章粤菜。堂灼螺片，这道菜在粤菜餐厅要"堂作"——由厨师将一辆鲍鱼车推至客人桌前，当面操作，现灼现食。一斤左右的响螺去边去皮，只得二三两肉可吃。传统蘸料有两种：咸味是虾酱，甜味是金橘酱。

冻大红蟹，潮菜名品。蟹大肉厚，原汁本味，几乎可以不蘸调料，食之清鲜可口。

古法炊鲳鱼。炊者，蒸也。古蒸法配料有火腿、冬菇、猪肉三种细丝，最后勾芡浇在鱼上，上笼以旺火蒸约15分钟即可。

潮州卤水鹅肝。选用产于潮汕饶平的狮头鹅肝。将鹅肝洗净，置于老卤煮沸，慢火20分钟，取出切片，淋上卤汁、麻油。

此鹅肝少油，口感细滑，香味诱人。

第五章京菜。北京谭家菜，是谭延闿家府厨师所作之菜，为我国官府菜的代表作。黄焖鱼肚，谭家的看家菜，其特点选料精，下料狠，火候足，讲究原汁原味。正宗的黄焖鱼肚入口浓腴软滑，汤汁浓而不腻，清而不薄，腴而能爽，淡而有味。

烤鸭。北京烤鸭，享誉中外的名菜。全聚德的挂炉烤鸭，香、厚、酥、脆，肥而不腻，入口即化，佐以葱白丝、黄瓜条、蒜泥、甜面酱，味道格外鲜美。

砂锅白肉，又称白片肉、白煮肉，是满族大祭、喜庆之日必备的一道名菜。将肉片成极薄的大片，有肥有瘦。可将酱豆腐、韭菜花、辣椒油、香菜末作为调料，依个人喜好调配食用。

核桃酪，这道菜的价值不在原料的珍贵，而在工艺的考究。将核桃、红枣、糯米用水磨成浆，再在铜锅内加热，边煮边搅，以防结底。出锅，清香可口，食之有益健康。

第六章沪菜。"全家福"为杂烩头菜品，以沪菜所制最为知名。原料务求丰美，干货鲜品，禽畜鱼虾，山珍园蔬，无不取精用弘，形态各异，色彩纷呈，口感味道既相容又相异。选料没有定规，可依照个人喜爱遴选。

烤子鱼，又名"子鲚"，学名"凤鲚"。头细狭长，银灰色，犹如凤尾。去鳞、去头、去内脏，加酱油、黄酒浸渍，加佐料爆炒，将鱼炸至金黄色，加汁可食。

八宝辣酱，原本为一道"路菜"，即途中随时可食的菜肴，香而多油，但不腻，无汤水卤汁，收入罐中，易于携带，易存而经久不坏。

糟门腔。沪上有夏日食"糟货"的习惯。"糟货"指用糟卤浸泡已熟的食材。门腔，指猪口条，最适合糟制，成菜后软、糯、韧、滑、酥、爽、脆、润、香、鲜、肥、厚兼而有之，糟货中罕有其匹，是一种深受食客喜爱的佳肴。

第七章湘菜。腊味合蒸是一道家常菜。因腊味偏咸，合蒸时不应再放盐，宜加鸡汤蒸煮，既香且厚，毫不油腻，真是人间至味。

发丝牛百叶。牛是反刍动物，有四个胃，瓣胃又名百叶胃。在长沙，百叶、牛蹄筋、牛脑髓被称作"牛中三杰"，而发丝百叶更为"三杰"中的佼佼者。将牛白叶切成细丝，与冬笋丝爆炒，质脆味香，可谓人间美食。

汤泡肚。这里的"泡"，其实是"爆"。取猪肚最厚的部位肚头，剥去里外的硬皮，留下肚尖，先煮烂，再切丝，加香菜段爆炒，倒入烧好的高清汤中，将炮制好的竹荪与油菜心，加入热汤，十分可口。

冰糖莲子，又称冰糖湘莲。湘莲为历史上的"贡莲"，粒大饱满，质地细腻，先上笼蒸发至软，再加上冰糖煮沸，口感酥糯绵软，且具莲子清香，食之有健脾益胃之功效。

第八章闽菜。佛跳墙在闽菜中的地位，与烤鸭在京菜中的地位相同，是对中餐影响最大的一道名菜。据刘若愚《酌中志》

载："上（明熹宗朱由校）喜用炙蛤、燕菜、鲨翅诸海味十余种，共烩一处食之。"这可视为佛跳墙的滥觞。明代宫中的做法是锅肉烩，清代福建的做法是用酒坛焖，同为杂烩型的菜品。此菜选材色彩丰富，汤汁醇厚鲜美。

鸡汤氽海蚌，又名鸡汤氽西施舌。西施舌属海中贝类，似蛏而小，似蛤而长，作长椭圆形，色白，其状如舌，肉质鲜嫩，为难得之人间美食。

红糟鸡。糟，制酒的副产品。红糟为闽菜常用。糟香扑鼻，为八闽特有的风味。选用清远鸡，整鸡小火慢熟，切成肉块，把炒好的红糟抹在鸡肉上，置容器中加盖腌半日，装盘入席。

第九章徽菜。"一品锅"，其实就是盛在火锅里的大杂烩。将事先做好的半成品，置于火锅里，加高汤或水，再度煮沸。徽州人常用此火锅做菜，招待来客。胡适热情待客，到他家就餐的客人，都会尝到这种火锅，被称作"胡适一品锅"。传统一品锅，选材有十余种，少不了干豆角、笋干，一层肉、一层干菜地码，最上面，一圈肉丸子，一圈豆腐泡，一圈蛋饺，中央放上半只鸡。

石耳炖石鸡。石耳、石鸡均为山珍。这里的"炖"其实就是隔水炖。将洗净焯水后的石耳、石鸡放入汤钵，加上高汤，放在蒸锅里，盖严锅盖，用旺火炖。不用过多调料，仅以火腿调味，冰糖提鲜。

臭鳜鱼。相传二百年前，沿江一带贵池、铜陵、大通将长江鳜鱼用木桶运往徽州,因七八天路程,运抵徽州时鱼已有一种异味。洗净后,热油稍煎,细火烹调,异味全消,鲜香无比,成为一道别有风味的名菜。

第十章浙菜。西湖醋鱼,此乃杭州第一名馔。草鱼活杀,汆煮,浇汁而成,酸甜适度,鱼肉鲜嫩,不腥不腻,口感丰润。

东坡肉,此菜登《中国菜谱·浙江》之榜首,又名"香酥焖肉"。选五花三层带皮的猪肉,调味首重酱油,用绍兴花雕酒,并加入冰糖,小火煨炖二三小时,旺火再蒸三十分钟,即成。其色泽红亮,香味醇厚。

蜜汁火方。火方,火腿中腰峰上方部位。加冰糖、绍兴酒、清水,多次蒸煮,除去汤水,烹制告成。这道传统浙江名菜,选材成本高,制作手法精细。用咸而鲜的火腿做甜食,实为中餐一大发明。此菜关键在于,一定要将火腿蒸两遍,以淡化火方原有之咸味,使肉质松软,食之咸甜适度,十分可口。

中国菜分布广泛,富有地域特色。十大菜系各有拿手佳味,让人食之难以忘怀。戴爱群不仅提供菜谱,且详述其特色,介绍烹饪技法,让读者也能亲自制作一道道地方名菜,以满足享受美食之需。

许石林：草木素食的推崇者

许石林，陕西蒲城人，现居深圳，深圳市非物质文化遗产保护专家，深圳市烹饪协会名誉会长，中国传媒大学客座教授。主要著作有《尚食志》《饮食的隐情》《文字是药做的》《桃花扇底看前朝》。

作者敬佩素食，十分赞同李渔的观点："饮食之道，脍不如肉，肉不如蔬，亦以其渐近自然也。"他提出："留心可食之草木，感上天造物活人之心良苦。坐对一丛，应天感悟，何止于舌尖，必达乎心尖欤。"

《舌尖草木》一书收集了各地草木菜肴，一一列举其烹饪方法，以及相关的历史故事。作者力倡"见素抱朴，少私寡欲"的生活，要求简单简朴，体现了一个文化布道者的高尚情操。

山芋，各地皆有的家常食品。绍兴人将芋头切片晒干，磨成粉，加上糯米粉，做成饼，还可随意加入肉馅，风味独特。苏轼之子苏过，曾将芋头粉做成"玉糁羹"，色、香、味皆奇。

茵陈，一种野草。乡谚："正月的茵陈二月的蒿，三月割下当柴烧。"茵陈正月发芽，嫩芽灰白色，摘下洗净，可炒吃，亦可做菜团吃，又可拌面粉蒸熟吃。

香椿，一种时令菜。发芽时，采下嫩芽，用开水一氽，沥干切碎，浇上香油，用精盐拌匀，即可食用。

莲菜，北方称藕为莲菜。"红花莲子白花藕"，雪白的塘藕，可切成细丝。江西的餐馆中用银鱼炒藕吃，其味鲜美。

薹子菜，即油菜薹，油菜籽的茎叶。淮扬菜馆里，将此菜做凉菜，与毛豆相拌，取名"万年青"，可上高档宴席。

灰灰菜。产于新疆准噶尔盆地，一种较耐盐碱的野菜。将灰灰菜洗净，焯熟，沥干，切碎，以滚油浇上，拌上蒜末、小盐，味道绝佳。

皂角，又名皂荚。皂，黑色；荚，豆也。可食者有二：一为树叶；二为皂角芽。刚吐嫩黄树芽时，将其掰下，用开水烫焯，待水凉后，控干水分，切碎，放入精盐，沃以热油，为佐粥之精品。

榆钱儿，即榆树的果实，成一串串的，可煮粥吃，亦可裹上玉米粉，蒸熟吃。

槐花，即洋槐树的花，可做槐花麦饭，亦可做槐花馅包子。

白菜。北京人冬季常食"箭竿白"，为家家储存的食材。白菜耐寒，经冬不凋，有松之操，古人称之为"菘"。初春新韭，秋末晚菘，历来为人称美。清道光帝写有《晚菘》诗："采摘逢秋末，充盘本窖藏。根曾滋雨露，叶久任冰霜。举箸甘盈齿，加餐液润肠。谁与知此味，清趣惬周郎。"说明皇上也食白菜，并且颇喜欢吃。

萝卜。关中人说萝卜能"生克熟补"，"生克"是方言，即助消化，利顺气。可做萝卜素馅饺子。也可切丝，与老豆腐丁、香葱相拌作冷盘。

黄花，即黄花菜。新鲜黄花菜有毒，需以开水焯一下，晾干储存。食用前用凉水发泡。可与干丝、肉丝相炒，是一道可口的家常菜。

荆芥，一种香味浓郁的蔬菜。河南人喜欢用来拌洋葱、拌黄瓜。当地有句俗谣："没见过大盘的荆芥。"形容人见识少，少见寡闻。

苜蓿。据说苜蓿是汉代张骞出使西域带回的牧草。春天里，苜蓿发出了嫩芽，采掐下来，是极好的蔬菜，味道很重，很香。将裹着苜蓿的面卷，上蒸笼蒸熟，可直接吃，也可在小米熬粥时，下一把苜蓿，金黄加翠绿，既好看又好吃。

芹，中国芹菜，香气浓郁，又称香芹，是关中平原的重要蔬菜之一。去根，洗净，切碎，用盐、醋拌，加少许辣椒末，再沃以热油，十分可口开胃。

枸杞，野生植物，长出红红的果实。春天发出嫩芽，拌枸杞芽，为佐粥的妙品，亦可就着馍吃。枸杞芽多了，还可晒干储存，随时供用。

马齿苋。能生吃，口感好。在野菜中属高档食品。通常加韭菜炒着吃。用马齿苋烙盒子，是最好的吃法。马齿苋还可洗净、晒干、储存。马齿苋对治疗甲亢有良好效果。

驴奶头。学名叶萝摩。与枸杞、淫羊藿同为西北所产强壮身体的草药。陶弘景云："萝摩叶厚大，作藤，生摘之，有白汁，人家多种之，可生啖，亦蒸煮食也。"

薤，就是广东人所说的藠头。杜甫《秋日阮隐居致薤三十束》："隐者柴门内，畦蔬绕舍秋。盈筐承露薤，不待致书求。束比青刍色，圆齐玉箸头。衰年关鬲冷，味暖并无忧。"诗中对新采收的薤的形状、色彩作了具体描述，亦表达了作者的思想情感。

竹笋。食竹笋，"素宜白水，荤用肥猪"。竹笋有多种保存方法：笋干、熏笋、笋酢、糟笋等。还可将笋切片晒干、磨粉储藏，可用来调汤，炖鸡蛋，拌肉。竹子横向的根，称竹鞭，亦可食。竹园里生长的菌类称竹荪，自古被列为"草八珍"之一，清脆腴美，被称为"蔬菜中的第一品"。

熬粥时加入别的食品，花花的，称作"花粥饭"。梅花、荼蘼花均可入粥，粥中兼有花香。菊花可以入火锅，菊花火锅为"清宫御膳一品"。

我国饮食文化源远流长，有十分丰富的内容。即使素食方面，各地亦有各种特色素食。许石林在《舌尖草木》一书中，做过不少生动的描述，读者阅之，定会受益匪浅。

曹亚瑟：遍读古人美食小品的文史学者

曹亚瑟，宜兴人，现居郑州，文化史研究者，媒体人。著有《白开水集》《小鲜集》《有味是清欢：美食小品赏读》等。

他撰述的《四月春膳》，是一本闲雅有趣的饮馔小札，作者查阅大量笔记史料，辑录上百条与饮食有关的诗文，信笔成篇，谈春膳，品火锅，议厨娘，尝夜市，描绘古今各色风味，推介历代名人雅士馋馔，向读者展现了一幅幅活色生香的美食画卷。

吃是一种阅历，更是一种游历，是一段文化史，作者追慕先人，穿越秦汉、六朝、唐宋、明清漫长的历史，钩稽前朝饮食的神秘过往，挖掘美食后面的历史文化，不仅让读者认识了历代的佳肴，而且丰富了自己的学识。

"宜言饮酒，与子偕老。"饮食男女，色与食，是人生中不可或缺的两大内容。只有懂得色与味，才会有洞明世事的大彻大悟，又有繁华看尽的返璞归真，才能进入人生的完美境界。

人间四月，在诗人眼中，芳菲已尽使人陷入愁苦之中。白居易诗云："人间四月芳菲尽，山寺桃花始盛开。"艾略特在

《荒原》中写道:"四月是最残忍的月份,哺育着丁香,在死去的土地里,混含着记忆和欲望。"但对美食家而言,四月就如刚上膘的羔羊,肥而不腻。

王世襄为文史大家,在吃学上也颇精到。他用北京四眼井甜水,做成麻豆腐,呈碧绿色,软腻如奶酪。杨宪益宴请澳大利亚嘉宾,请王世襄司厨,去做七道菜,每道上席,即被吃得精光。

唐振常是文章大家。他的《颐之时》,不光谈饮食,也谈历史,谈掌故,知人论世,颇为精到。

辣椒也分六味,麻辣、糟辣、煳辣、香辣、鲜辣、酸辣。各地的辣椒各具特色,四川的,麻中带辣,麻中带香;湖南的更直接、更刚烈;贵州的,辣得憨厚,辣中能品出山地的湿气,浓浓的烟熏味。

烟火气是人间况味的象征。夜幕降临,乡村中传出锅碗瓢勺的碰撞声,炸丸子、熘鱼片、炒青菜、包饺子的气味和烟火笼罩上空,让你觉得在人世间当个俗人真好。炊烟成了众多诗人吟咏的内容。陶渊明诗曰:"暖暖远人村,依依墟里烟。"陆游诗曰:"炊烟漠漠衡门寂,寒日昏昏倦鸟还。"蔡襄诗曰:"孤舟横笛向何处,竹外炊烟一两家。"刘基诗曰:"炊烟忽起桑榆上,散作鲛绡抹半林。"

高邮是水乡,盛产大麻鸭。鸭多,鸭蛋也多,咸腌后,质细油多。苏北有一道名菜,名为"朱砂豆腐",就是用高邮的鸭蛋黄炒的豆腐，其味鲜美。

味尊极淡，绚烂之极归于平淡。袁枚《随园食单》："求色不可用糖炒，求香不可用香料，一涉精饰，便伤至味。"林洪《山家清供》：夏初，竹笋正旺盛，刨出一个，扫竹叶于径中，点燃煨热，其味甚鲜，名"傍林鲜"。人们对周作人、孙犁之文十分推崇，因周、孙之文"淡而有味"。把文章写得绚烂相对容易，堆砌可矣；倘若归于素朴，以大众习见的字句写出高妙文章，则非圣手不可。

文人雅聚多置美味佳肴，这些手艺多出于家庖，或出于主家姬妾之手。闻名京师的谭家菜，出自谭瑑青的一位如夫人之手。苏州名人周瘦鹃的夫人胡凤君就是一位烹饪高手。

陆文夫小说《美食家》，有个嗜吃如命的破落户朱自冶，后来娶了前政客太太孔碧霞，做得一手好菜肴。《美食家》已成了苏州美食的招牌。逯耀东从台湾到大陆，专程到苏州拜访陆文夫。陆文夫曾开办"老苏州菜馆"，全为弘扬姑苏风味。苏州半园曾推出"孔碧霞宴"，招徕食客。

有一种笋，名苦笋，味微苦而回甘，用以清炒或炖五花肉，最为相宜。怀素《苦笋帖》："苦笋及茗异常佳，乃可径来。"黄庭坚作《苦笋赋》："僰道苦笋，冠冕西川，甘脆惬当，小苦而反成味，温润缜密，多啗而不疾人。"僰道，为古代宜宾县。

台湾作家刘克襄的《岭南本草新录》，记录了一种叫"鸭仔蛋"的食品，大陆亦有，称"毛蛋"。将孵了近三星期未成形的雏鸭，用开水煮熟，用小匙羹，挖出来吃，常见小鸭的骸骨和羽毛，据说有滋补养身之效。

很多美好的东西都与"甜"联系在一起，"甜"是一种美味。美国学者谢弗（薛爱华）的《撒马尔罕的金桃》，是一部汉学名著。记载了很多植物、食物、药物、器物的中外交流史。谢弗说，唐代吃的甜食通常是用蜂蜜做的，而公元前二世纪中国人就用谷物造出了"麦芽糖"。西域进贡的"石蜜"颜色洁白，质地优良，据说是用蔗汁与牛奶和煎制成。到了晚明，中国已成为白砂糖的制造和输出大国。

有的菜秘诀就在一个"套"字，淮扬菜中有款名菜叫"三套鸭"，最外面是一只家鸭，家鸭里面塞一只野鸭，野鸭腹中再塞一只菜鸽，中间空隙塞些冬菇、笋片、火腿片，用砂锅焖炖三小时，香味扑鼻，被称为"中国套盒"。

何物最美味？食无定味，适口者珍。菠菜豆腐汤十分寻常，名为"珍珠翡翠白玉汤"，一样令人爱食。袁枚《随园食单》云："贪贵物之名，夸敬客之意，是以耳餐，非口餐也。不知豆腐得味，远胜燕窝，海菜不佳，不如蔬笋。"

袁枚最重火候，专门写过《火候须知》："熟物之法，最重火候。有须武火者，煎炒是也，火弱则物疲矣。有须文火者，煨煮是也，火猛则物枯矣。有先用武火而后用文火者，收汤之物是也；性急则皮焦而里不熟矣。"

袁枚是知味人，他强调上菜时："盐者宜先，淡者宜后，浓者宜先，薄者宜后；无汤者宜先，有汤者宜后。且天下原有五味，不可以咸之一味概之。"

大白菜味道松脆甜美，豪华宴席上往往会有一道雪白的白菜心，作爽口之用。白菜还可制成腌菜、酱菜、酸白菜。老北京还有"芥末墩儿"。将白菜横向切开，用粗盐"杀"过，每放一层撒一层芥末，腌制而成。

所谓"秋油"，清人王士雄在《随息居饮食谱》中写道："笃油则豆酱为宜，日晒三伏，晴则夜露。深秋第一笃者胜，名秋油，即母油。调和食味，荤素皆宜。""浓油赤酱"酱油必不可少，不管红烧狮子头，还是红炖大黄鱼，都少不了酱油。

南朝的周颙，虽只茹素，却极讲究蔬食的品种和色彩搭配，绝对是个饮食美学家。

宋代是个物质、精神都丰饶的时代，从《东京梦华录》到《梦粱录》《武林旧事》，记录了绵延不尽的酒楼脚店，还有各式各样的美味馔馐，吃货更是层出不穷，其中苏轼、陆游更为突出。

苏轼写了《老饕赋》《菜羹赋》《东坡羹颂》《猪肉颂》《酒子赋》《蜜酒歌》。以其名字命名的菜肴就有"东坡肉""东坡肘子""东坡鱼""东坡豆腐""东坡玉糁羹""东坡芽脍""东坡饼""东坡酥"等。

陆游上万首诗作中，有数百首与饮食相关："炊黍香浮甑，烹蔬绿映盘。""苣荬笋似稽山美，斫脍鱼如笠泽肥。""唐安薏米白如玉,汉嘉枙脯美胜肉。""团脐霜蟹四腮鲈,樽俎芳鲜十载无。"多次歌咏了美味,抒发了畅快的情怀。

南宋林洪,是一位"吃货",他的《山家清供》,保存了宋代山野食谱,还有许多关于吃的妙典、故实,读之确是一种享受。

明代张岱,在饮食之道上,功底不浅,对各地名产风物的了解,对煮蟹持螯的疯狂,乳酪制作的熟稔,都非一般美食爱好者所能比拟。

真正雅中带俗的是李渔和袁枚,他俩见多识广,深谙品鉴,是不可多得的美食家。

清代作家中,李渔是个全才,既是畅销书作家,又会写剧本,办家庭剧团,还开了芥子园出版社。同时又懂生活之品味,一部高雅生活指南《闲情偶寄》风靡大江南北。李渔毫不掩饰对声色之爱好,曾云:"我有美妻美妾而我好之,是还吾性中所有,圣人复起,亦得我心之同然,非失德也。"他把本性发挥到极致,毫不掩饰写下《肉蒲团》,虽为历代禁书,但透彻淋漓,直指人性。

竹子以挺拔、向上、有节操为我国文人所崇佩。东坡有言:"可使食无肉,不可居无竹,无肉令人瘦,无竹令人俗,人瘦尚可肥,士俗不可医。""食者竹笋,居者竹瓦,载者竹筏,炊者竹薪,衣者竹皮,书者竹纸,履者竹鞋。"苏氏笔下写竹的文字随处可见:"行歌白云岭,坐咏修竹林""今日南风来,吹乱庭前竹。""欹枕落花余几片,闭门新竹自千竿。""解箨新篁不自持,婵娟已有岁寒姿。""长江绕郭知鱼美,好竹连山觉笋香。""残花带叶暗,新笋出林香。""相携烧笋苦竹寺,却下踏藕荷花洲。""长沙一日煨迨笋,鹦鹉洲前人未知。""林外一声青竹笋,坐间半醉白头翁。""与可画竹时,见竹不见人。岂独不见人,嗒然遗其身。其身与竹化,无穷出清新。庄周世无有,谁知此凝神。"

菜肴入诗,古已有之,从最早的《诗经·小雅》到屈原《大招》都有佳肴的描写。苏东坡有《猪肉颂》《菜羹赋》等诗作。陆游也有上百首饮食诗。唐诗"两个黄鹂鸣翠柳,一行白鹭上青天"常被餐馆做成诗意菜。焦桐主编历年的《台湾饮食文选》,出版过《台湾味道》《台湾肚皮》《台湾舌头》等美食专著。京城大董饭店,每上一样主打菜,送一阕宋词:"春到长门春草青,红梅些子破,未开匀。碧云笼碾玉成尘,留晓梦,惊破一瓯春。花影压重门,疏帘铺淡月,好黄昏。二年三度负东君,归来也,著意过今春。"

生活需无用的装点:看夕阳,视春花,观秋河,闻香,听雨,喝不求渴之酒,吃不求饱之点心,虽是无用的装点,却为生活之必要。

"京八件",远近闻名:枣花酥、绿豆糕、萨其马、太师饼、椒盐饼、蜜三刀、肉松饼、茯苓饼。

钱锺书说:"这个世界……只有两件最和谐的事物总算是人

造的：音乐和烹调。"

挖掘美食背后的历史与文化、美食背后的奇人妙事，是一件十分有趣的事，这也是美食的魅力所在。

吃的故事大都散落在历代笔记史料中，钩稽爬梳，汇编成册，比一般菜谱更为活色生香，趣味盎然。文化地吃，优雅地吃，这才是现代文明生活理应采取的态度。

蔡昀恩笔下的《吃货奶奶》

当今有了电脑、手机，网上聊天、网上阅读成了人们的时尚。

蔡昀恩从孙女视角，网上发布了她的奶奶从九十多岁至一百余岁的生活状况，特别是高寿老人对饮食的偏爱，引起网民极大兴趣，获抖音六百万粉丝，点赞数达一亿。

蔡昀恩将网上发布的文字，整理成书，题为《人间滋味》。

本文特将蔡昀恩的百岁奶奶喻泽琴的相关情况，转述如下：

一、一个仁义的针灸医生

1920年，自贡喻家生下一个长相秀气的女孩，排行老三，家里的女孩，她是老二，人们叫她"二小姐"。

喻家家境优裕，有女佣人、打杂的、伙夫、马车夫，一应俱有。

喻泽琴从小在家里受到良好的教育。到了成婚年龄，被嫁到省府成都一家有声望的中医世家。

好学的喻泽琴跟着公公婆婆学习中医针灸技术，即使到百岁高龄，一说到穴位表，依然能如数家珍地全文背出。

学成针灸后，她便到灯笼街医院，做了中医师。因精通穴位，胆大心细，让患者医后病除，从此医名大盛。

她怀着一颗仁爱之心，致力救死扶伤，对生活困难的病人，义务诊治，不收患者一分钱。

二、一颗热爱美好生活的心

喻泽琴的丈夫多才多艺，二胡、国画都极为拿手。

喻泽琴自己亦追求美好，热爱生活。家人的衣服破了，她会在破洞的地方绣上一朵花，让人见到，十分可爱，这也显示了她对美的刻意追求。

喻泽琴是位百岁老人。时至百岁，依然健康、硬朗。关于长寿，她觉得没有什么秘诀——吃好、耍好、睡好，一切都好。吃好点，看淡点，保持良好心态。这是喻奶奶长寿的秘诀。

有人说长寿是由基因决定的，其实除了基因还有更为重要的因素，那就是心态。若无闲事挂心头，便是人间好时节。心地坦荡，无忧无虑，才能健康地过好每一天。

喻奶奶已到一百岁了，仍然有一颗热爱这个世界、向往一切美好事物的心。她愿意像孩子一样跟着我们东吃西逛，愿意拿出时间去研究之前没有见过的东西，也愿意在有精力之时出去走走，看看这个有意思的世界。这浓厚的生活趣味，正是她健康活着的源泉。

三、人生就是要吃好点

喻奶奶讲究吃，是一位网上"明星食客"。

她极爱吃零食。除了吃，不会花什么冤枉钱。零食是她的命根子。萨其马、小饼干、蛋黄酥……经常买了吃。

人家问她长寿秘诀，她一定会说："要把零食吃够，零食吃不够，你就活不赢人家。"

四川人爱吃火锅，喻奶奶也是火锅的推崇者。她吃火锅不大讲究吃品，不仅会把自己身上弄得油汤挂水，连她桌边的人也会跟着遭殃。

随着年纪增大，越发喜欢吃油炸食品，喜欢吃炸得焦黄的食品，一口卜去可以爆出油汁的那种。

吃在喻奶奶的人生榜单上，稳稳地占据首位。她说："人生啊！就是一顿一顿的饭。"每一个为生计奔忙的瞬间，每一次畅快的相聚，每一顿认真对待的餐会，都汇聚成了我们人生路上的足迹。"吃好点"，就是善待人生的生动体现。

川人爱吃辣，喻奶奶也不例外，她是一位无辣不欢的食客，常说："吃饭没有辣椒，还不如不吃。"

不仅爱吃辣，还爱食甜，一般来说，她的早餐是：五个汤圆、一个鸽子蛋、一杯牛奶。按理说汤圆已经够甜了，然而她还得在汤圆汤、牛奶中各放两勺糖。

喻奶奶是位荤食大王，爱食大肉。吃北京烤鸭，包个烤鸭卷，满满的都是肉，连黄瓜丝、葱丝都不放。她是"家庭食肉俱乐部"的代表，觉得吃饭没有肉就没有灵魂，就是一无是处，就是一钱不值。

喻奶奶喜欢把喝小酒挂在嘴边，无论去哪里都想喝上两口。喝来喝去，也只有一小杯的量。她懂得自我节制，喝到一定的量，无论别人怎么劝她，都不会多喝。

喝了一小杯酒后，老太太脸蛋红红的，洋溢着满足又得意的笑。这时是她人生最快意的时刻。

喻泽琴奶奶，大名寓意"温润而泽""琴遇知音"。她年逾一百，仍然激情满怀、好奇、纯真，用力去感受生活。她是一位高龄美食家，一位爱喝饮料、吃雪糕、吃火锅、无辣不欢的"高龄吃货"。

她的孙女，将她的有关事迹在网上发布，引起广大网民的极大兴趣。如今又成书问世，这是人间的一大佳话，将会让千万读者增长见识，思索其中的哲理。

后　记

本书脱稿之时，正值贤妻辞世三周年。时光如逝水，往事如烟，却常涌心头。贤妻在世时，见我伏案笔耕，总叮嘱我慢写多歇，珍重身体。她匆匆离去，我孑然一身，唯常忆起她的嘱愿，设法度好余下的光阴。

老丈人曾在餐馆干过会计，会烧不少佳肴。老岳母操持家务，精于烹饪。受家庭影响，贤妻厨艺亦颇拿手，我家可谓一户美食之家。

所撰《文人与美食》，大多受"家"之影响，亦应称作献给亡妻与岳父岳母的一份菲薄之祭奠，让他们在天间亦品尝到人间的各种美味。

书稿付梓，有赖安徽师大出版社相关领导与编辑的热情关注、鼎力相助和细心编校。此书的问世，包含了他们的一份心血。

"书到用时方恨少，事非经过不知难。"在本书撰写过程中，虽付出不少时光与心血。脱稿后也作过不少修改和加工，仍有

210

不少未尽事宜，疏漏欠当之处在所难免，敬请专家、读者批评指正。

　　吾八十有二，岁月不饶人。此书当为本人献给读者的最后一个小册子，权作学文人生告一段落。